electronica · Band 241

FRANK SICHLA

Einsatzbeispiele für CMOS-Schaltkreise

MILITÄRVERLAG
DER DEUTSCHEN DEMOKRATISCHEN
REPUBLIK

Sichla, F.:
Einsatzbeispiele für CMOS-Schaltkreise. –
Berlin: Militärverlag der DDR (VEB), 1988. –
96 S.: 73 Bilder – (electronica: 241)

ISBN 3-327-00559-1

1. Auflage, 1988

Lizenz-Nr. 5
Printed in the German Democratic Republic
Lichtsatz: Druckerei Phönix
Druck und buchbinderische Weiterverarbeitung:
Druckerei des Ministeriums für Nationale
Verteidigung (VEB) – Berlin – 30306-7
Lektor: Steffen Würtenberger
Zeichnungen: Angelika Ulsamer
Typografie: Martina Schwarz
Redaktionsschluß: 15. Oktober 1987
LSV 3539
Bestellnummer: 747 061 6
00190

Inhaltsverzeichnis

Vorwort

Die wachsende Bedeutung der CMOS-Technik in der modernen Elektronik wurde Anfang der 80er Jahre mit der Produktionsaufnahme der Reihe *V 4000 D* auch in der DDR dokumentiert. Die Serie bildet die Basis für einen umfassenden Einsatz dieser Technik in der Industrie unseres Landes.

Einige SSI- und MSI-Standardschaltkreise waren auch bald – z. T. als S-Typen, also «Anfalltypen» mit eingeschränktem Kennwertebereich – für den Amateur erhältlich. Damit bestand für ihn eine reale Möglichkeit, die praktische Beschäftigung mit der CMOS-Technik, die mit den CMOS-Zeitschaltkreisen [1] begonnen hatte, in erheblich größerem Umfang fortzusetzen. Mit den technischen Parametern dieser Schaltkreise und ihren grundsätzlichen Applikationsmöglichkeiten wurde schon vielfach in Zeitschriften, Broschüren und Büchern bekannt gemacht. In [2] wurde z. B. eine Anzahl CMOS-Schaltungen vorgestellt, die bereits den kompletten «Inhalt» kleiner Geräte darstellen.

Die vorliegende Broschüre soll das Angebot an praktischen Nachbauschaltungen für den Amateur erweitern. Sie enthält folglich eine möglichst große Anzahl praktizierter Schaltungsideen mit CMOS-Schaltkreisen einschließlich Leiterplatten. Es liegt dabei im Interesse des Praktikers, wenn der Titel nicht nach Bauelementetypen, sondern nach Einsatzobjekten strukturiert wird.

Bei der Erarbeitung der Schaltungen war es wichtig, die Vorteile der CMOS-Technik voll zur Geltung kommen zu lassen, denn nur dann werden die Schaltungen für den Amateur wirklich attraktiv. Man muß dabei bedenken, daß solche Vorteile erstens aus der CMOS-Technik insgesamt gezogen werden können (Sensorkontakte einfach realisierbar wegen hochohmiger Eingänge, minimale Standby-Stromaufnahme bis hin zum Verzicht auf Einschalter bei batteriebetriebenen Geräten), zweitens aber auch durch funktionell neue Schaltkreise entstehen, die z. T. erst

durch die CMOS-Technik möglich wurden (Analogschalter). Diese Überlegungen bildeten das Grundkonzept für die Schaltungsentwicklung.
In dem Zusammenhang noch eine Bemerkung zum Einsatz von CMOS-Gattern als Analogverstärker: Diese Betriebsweise ist grundsätzlich auch mit TTL-Gattern möglich, doch arbeiten diese sehr instabil (Temperaturabhängigkeit der Umschaltschwelle). Auch hier wäre also ein Vorteil von CMOS zu sehen. Doch können bei dieser Betriebsart auch andere Probleme auftreten (siehe [2]), und es fließt ein recht hoher Ruhestrom. Andererseits stehen mit dem *B 176 D* und dem *B 177 D* Kleinleistungsoperationsverstärker zur Verfügung, deren Ruhestrom z. B. auf 20μA programmiert werden kann. Daher wurde in der Broschüre von solchen Anwendungen abgesehen.

Berlin, im März 1987 Frank Sichla

1. Stand und Perspektiven der CMOS-Technik

CMOS-Schaltkreise – Anfang der 60er Jahre entwickelt und ursprünglich als reine Logikfamilie konzipiert – haben heute ein überaus breites Anwendungsgebiet erobert und werden in Zukunft noch weiter an Bedeutung gewinnen. Diese Entwicklung hat die CMOS-Technik insbesondere folgenden vorteilhaften Eigenschaften zu verdanken:

- außerordentlich geringe Verlustleistungen (Gatter ≈ 1 mW, Zähler ≈ 3 mW, 4-Kbit-RAM ≈ 20 mW bei je 5 V/1 MHz);
- geringe Ruhestromaufnahme (SSI- und MSI-Schaltkreise im nA-Bereich, LSI-Schaltkreise wenige μA);
- weiter Betriebstemperaturbereich (−25 ... +85 °C);
- hohe Zuverlässigkeit (resultierend aus obigen Faktoren);
- hohe Störfestigkeit (typisch 45 % der Betriebsspannung für L- und H-Pegel);
- hoher Betriebsspannungsbereich und Anspruchslosigkeit in bezug auf die Qualität der Betriebsspannung.

Die ständige Verbesserung und Spezifizierung der CMOS-Technologie führte zu einer umfangreichen Gruppe von Herstellungsverfahren, die das immer weitere Vordringen dieser Schaltkreise zu digitalen und analogen Anwendungen ermöglichte.
Die ungepufferte Baureihe *CD 4000 A* ist längst veraltet. In der Standardbaureihe (*CD 4000 B* ≙ *V 4000 D*) ergibt sich die größte Typenvielfalt (1983: 170 Typen). Höhere Schaltgeschwindigkeiten erreicht die LOCMOS-Reihe *HEF 4000 B*. Sie basiert auf dem neuen technologischen Verfahren der lokalen Siliziumoxydation, das als entscheidenden Vorteil eine beträchtliche Einsparung an Kristallfläche und damit geringere Parasitärkapazitäten ermöglicht. Schließlich ist es in letzter Zeit mit der QMOS-Technologie gelungen, bei den Logikschaltkreisen die Schaltgeschwindigkeit wie bei der Low-Power-*Schottky*-TTL zu gestalten, die geringe Stromaufnahme jedoch beizubehalten. Es stehen

in Form der Baureihe *74 HC/HCT* direkte Ersatztypen für TTL zur Verfügung. Diese High-Speed-CMOS-Schaltkreise werden in Zukunft die führende Rolle bei integrierten Logikschaltungen übernehmen. Nur in extrem schnellen Anwendungen dürften noch Low-Power-*Schottky*-Typen zum Einsatz kommen. Die Standard-TTL-Reihe wird stark an Bedeutung verlieren.
Die 1. 8-bit-CPU in CMOS-Technik (*CDP 1802*) wurde bereits 1976 angeboten und eroberte schnell große Marktanteile. Heute existiert bereits ein breites Typenspektrum an CMOS-CPUs auf dem Weltmarkt. Gegenüber ihren NMOS-Vorgängern (50 ... 200 mA Stromaufnahme) sind diese wesentlich stromsparender und zudem störsicherer.
Ein wichtiges Anwendungsgebiet der CMOS-Technik sind auch die Speicher, speziell große ROMs und statische RAMs. Bei letzteren kann mit NC-Akkus eine Notstromversorgung (Backup) realisiert werden. Es gibt aber auch schon komplette Einchip-Mikrorechner in CMOS. Der *CDP 1804 A* enthält z. B. neben dem Prozessor 2 KByte ROM, 64 KByte RAM und eine CTC-Schaltung auf einem Chip. Mit CMOS-Peripheriechips sind dann leistungsfähige kompatible Systeme für tragbare, batteriebetriebene Computer realisierbar.
Aber auch auf dem analogen Sektor haben sich CMOS-Schaltkreise bewährt und besitzen gute Zukunftsaussichten, kommen doch auch hier einige der eingangs genannten Vorzüge voll zur Geltung. Ein weiterer Vorteil reiner CMOS-Analogschaltkreise ist, daß der Ausgangsspannungshub (zumindest im Leerlauf) voll den U_{CC}-Bereich ausnutzt. Zeigten Operationsverstärker in gewöhnlicher CMOS-Technologie kein gutes dynamisches Verhalten, so ist es vor wenigen Jahren mit der LinCMOS-Technologie gelungen, einen entscheidenden Schritt in Richtung «idealer» Operationsverstärker zu unternehmen [3]. Bei dieser Technologie bestehen die Gates aus Polysilizium, wodurch ein hoher Eingangswiderstand, geringe und stabile Offset, hohe Bandbreite und geringer Verbrauch bei einfacher Speisespannung erreicht werden. Neben den Operationsverstärkern sind z. B. Timer (*NE 555* in LinCMOS) sowie A/D-Wandler bekannt.

2. Hinweise zum praktischen Einsatz von CMOS-Schaltkreisen

2.1. Hinweise zum Schaltungsaufbau

- CMOS-Schaltkreise zuletzt einlöten bzw. über Steckfassung anschließen, wobei keinesfalls Betriebsspannung anliegen darf.
- Die Verwendung von Lötkolben geringer Leistung ist angebracht (minimale Verzunderung, daher keine elektrostatische Aufladung der Lötkolbenspitze). Zusätzliche Sicherheit schafft ein Trenntrafo bzw. das hochohmige Erden der Lötkolbenspitze.
- Keine Verwendung von Werkzeugen (Zangen, Schraubendreher) mit isolierten oder eloxierten Griffen.
- Die Stützkapazität soll etwa den 10fachen Wert der umzuladenden Kapazitäten haben; als Mindestwert gilt für 10 CMOS-Schaltkreise 22 nF (Scheibenkondensator).
- Bei Batteriestromversorgung ist aufgrund der teilweise sehr hohen Empfindlichkeit der Batterien gegen Stromspitzen eine Stützung immer erforderlich. Dabei sollte für 6 CMOS-Schaltkreise eine Kapazität von 100 nF vorgesehen werden.
- Logische Eingangssignale sind stets nur während des Anliegens der Betriebsspannung zulässig, ein Eingangssignal (H) bei fehlender Betriebsspannung kann die Eingangsschutzschaltung beschädigen.
- Jeder Eingang – auch bei nichtbenutzten Gattern – muß auf definiertem Potential liegen.

2.2. Hinweise zur Fehlersuche

- Wurde die Betriebsspannung richtig gepolt?
- Wurde ein Schaltkreis falsch eingesetzt?
- Weist die Leiterplatte Lötbrücken oder Haarrisse auf (eventuell Lupe zu Hilfe nehmen)?

- Befinden sich Störimpulse auf der Betriebsspannung (Oszilloskop)?
- Wurden falsche Bauelemente eingesetzt (Farbkennzeichnung von Widerständen nochmals überprüfen)?
- Sind die Anschlüsse bei Schaltkreisfassungen «ermüdet»? Man kontrolliere besonders ältere Produkte sorgfältig auf festen Sitz der Klemmfedern!
- Vor Auswechseln eines CMOS-Schaltkreises ist sein Gehäuse oder die Betriebsspannungsleitung zu berühren (Potentialausgleich).

3. Kennwertabweichungen bei CMOS-Amateurschaltkreisen

Zu den Schaltkreisen *V 4093 D* (*Schmitt*-Trigger), *V 40511 D* (Dekoder) sowie *V 4050 D* und *V 40098 D* (Treiber) werden sogenannte Amateurschaltkreise angeboten, die in der Typenbezeichnung mit «S» gekennzeichnet sind. Ob auch für andere Schaltkreise solche «Anfalltypen» existieren bzw. geplant sind, war zum Zeitpunkt der Manuskripterarbeitung nicht bekannt.
Die Amateurschaltkreise sind geprüfte und voll funktionstüchtige Bauelemente, bei denen Abweichungen der Kennwerte gegenüber den jeweiligen TGL-Typen sowie geringfügige Gehäusemängel zugelassen sind.
Zulässige Kennwertabweichungen sind nach [4]:

- Erhöhte Eingangsrestströme der Gatter bis zu 1 μA; für den *S 40098 D* gilt dieser Wert auch für den Ausgangsreststrom bei abgeschalteten Ausgangsstufen.
- Erhöhte Betriebsruhestromaufnahme; für eine Umgebungstemperatur von 25 °C darf für den *S 4050 D*, *S 4093 D* und *S 40098 D* der maximale Ruhestrom 30 μA (U_{CC} = 5 V) bzw. 120 μA (U_{CC} = 15 V) betragen, für den *S 40511 D* unter gleichen Bedingungen 150 μA bzw. 600 μA.
- Die von den Schaltkreisen abgebbaren Ausgangsströme können sowohl bei H- als auch bei L-Pegel geringer sein. In der Tabelle 3.1. werden die für eine Umgebungstemperatur von 25 °C garantierten Mindestwerte angegeben.
- Für den Schaltkreis *S 40511 D* wird für einen Ausgangsstrom von 20 mA eine H-Ausgangsspannung von mindestens 3,1 V (U_{CC} = 5 V) bzw. 13,5 V (U_{CC} = 15 V) garantiert.
- Der Eingangskapazitätswert wird nicht garantiert.

Aufgrund der Auswahlkriterien für Amateurschaltkreise ist eine Angabe typischer Werte für die Kennwertabweichungen nicht möglich. Alle anderen, hier nicht genannten Kennwerte der entsprechenden TGL-Typen müssen die Amateurschaltkreise einhalten.

Tabelle 3.1. Garantierte Mindestwerte für L- und H-Ausgangsstrom

	S 4093 D	*S 40098 D*	*S 4050 D*	*S 40511 D*
L-Ausgangsstrom in mA				
bei $U_{CC} = 5\,V / U_{OL} = 0{,}5\,V$	0,4	2,3	2,9	0,51
bei $U_{CC} = 15\,V / U_{OL} = 1{,}5\,V$	2,8	16	20	3,4
H-Ausgangsstrom in mA				
bei $U_{CC} = 5\,V / U_{OH} = 4{,}5\,V$	0,4	1	0,75	–
bei $U_{CC} = 15\,V / U_{OH} = 13{,}5\,V$	2,8	8	5	–

alle Angaben Minimalwerte

Für den Amateur ergeben sich damit mindestens 2 Schlußfolgerungen:

1. Es sollte der Einsatz von Amateurschaltkreisen bei Schaltungen, die minimale Standby-Stromaufnahme aufweisen, vermieden werden, oder man mißt die Ruhestromaufnahme des Schaltkreises vorher.
   Batterien sollte man höchstens mit einem maximalen Ruhestrom von wenigen $10\,\mu A$ (in Abhängigkeit von der Batteriekapazität) belasten.
2. Amateurschaltkreise sind für schnelle Anwendungen nicht vorzusehen. Die dynamische Verlustleistung ist bekanntlich proportional der Lastkapazität. Weiterhin könnten über den Tiefpaß aus Ausgangswiderstand und Eingangskapazität Pegelverluste auftreten.

Die 4 genannten Typen wurden in der Phase der Produktionsaufnahme als U-Typen gefertigt. Sie unterscheiden sich nicht von den V-Typen!

4. Bewährte CMOS-Grundschaltungen

4.1. Einfacher Oszillator

Bild 4.1 zeigt einen Oszillator, der mit einem Gatter des *Schmitt*-Trigger-Schaltkreises auskommt. Liegt der Ausgang auf H-Potential, wird C über R_2 aufgeladen, bis die obere Triggerschwelle erreicht ist. Das Ausgangspotential wechselt, und C entlädt sich über R_2 bis zum Erreichen der unteren Triggerschwelle.

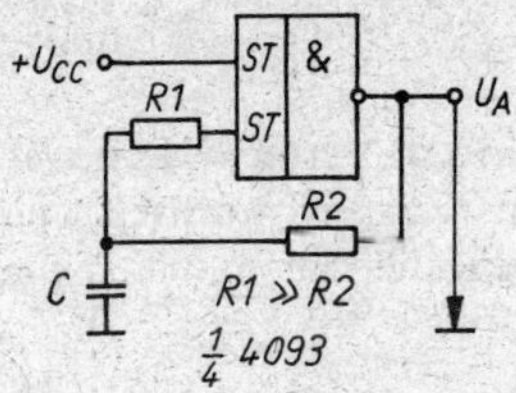

Bild 4.1
Einfacher Generator

R_1 entkoppelt das frequenzbestimmende RC-Glied von der Eingangsschutzschaltung des Gatters. Die Frequenz ist besonders bei niedrigen Werten leicht betriebsspannungsabhängig. Mit geringer Genauigkeit gilt

$$f \approx \frac{1}{R_2 C} .$$

4.2. Oszillator mit 2 Gattern

Eine bessere Reproduzierbarkeit der Frequenz sowie niedrigere R- bzw. C-Werte bei gleicher Periodendauer erreicht eine Schaltung mit 2 Gattern. Bild 4.2 zeigt den Aufbau mit NAND-Gattern. Bei dieser Schaltung wird C im Bereich $\pm 0{,}5\,U_{CC}$ umgeladen. Nach Erreichen der Umschaltschwelle am Eingang von G1

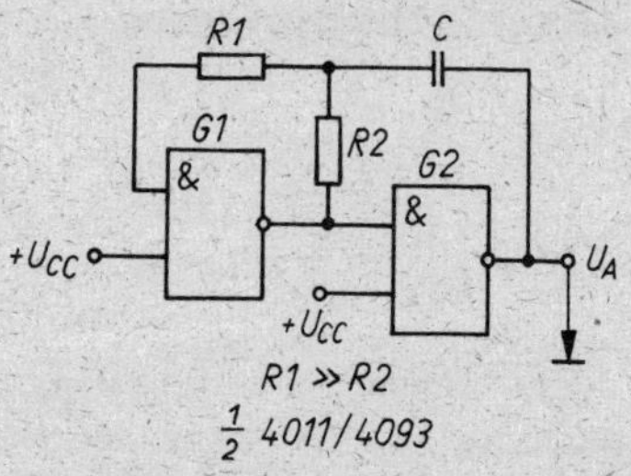

Bild 4.2
Generator mit
2 NAND-Gattern

wechselt die Stromrichtung durch C und R_2. Bei näherer Analyse gelangt man zu

$$f = \frac{1}{2{,}2\,R_2\,C}\,.$$

Bei mittleren bis niedrigen Frequenzen ist zur Vermeidung hochfrequenter Schwingungen während des Zustandswechsels der Ausgangspegel der *V 4093 D* einzusetzen.

4.3. Besonderheiten der Oszillatoren

Zunächst soll anhand von Bild 4.1 auf eine bei solchen Generatoren allgemein vorhandene Eigenheit hingewiesen werden. Wird U_{CC} zugeschaltet, liegt ein Eingang auf L-Potential, denn C ist entladen. Der Ausgang führt H-Pegel. Die Aufladung von C beginnt ab 0 V bis zur oberen Schwelle, dann wechselt das Ausgangspotential, und C wird von nun an nur noch bis zur unteren Schwelle entladen. Infolgedessen ist der Anfangs-H-Impuls länger als die folgenden H-Impulse.
Bei beiden Schaltungen können die an $+U_{CC}$ liegenden Eingänge auch als Start/Stopp-Eingänge benutzt werden. In Bild 4.1 hat der Ausgang H-Pegel, solange dieser Eingang L-Potential führt. Legt man nach längerer Zeit wieder H-Potential an, geht der Ausgang sofort auf L-Pegel, da C voll aufgeladen ist. Er entlädt sich über R_2 bis zum Erreichen der unteren Schwelle. Deshalb ist der Anfangs-L-Impuls länger als die folgenden L-Impulse. In

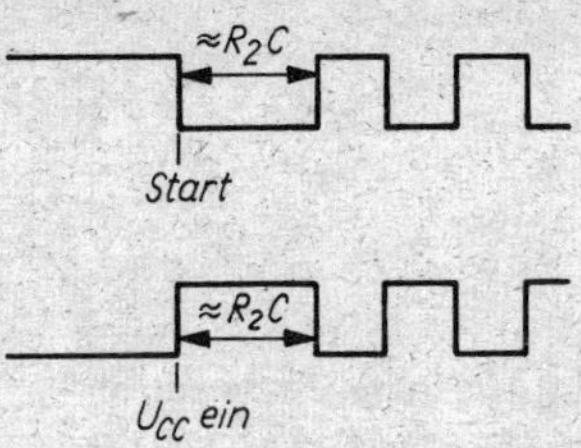

Bild 4.3
Zeitverhalten der beiden Generatoren

Bild 4.3 sind diese Verhältnisse noch einmal dargestellt. Die Schaltung nach Bild 4.2 zeigt ein ähnliches Verhalten.
Bei dieser Schaltung kann der Ausgang L- oder H-Pegel führen, je nachdem, welcher Eingang benutzt wird. Es ist aber wichtig, zu wissen, daß bei Benutzung des Eingangs von G2 das Gatter G1 gemäß Bild 4.1 arbeitet, wenn ein *Schmitt*-Trigger-Schaltkreis zum Einsatz kommt. Der Ausgang von G1 darf dann nicht für andere Zwecke benutzt werden. Ferner ist das Verhalten bei Forderung nach minimalem Ruhestrom zu beachten. Die Verwendung eines *Schmitt*-Trigger-Schaltkreises ist bei niedrigen Frequenzen unumgänglich, will man – bedingt durch die hohe Anstiegs- und Abfallzeit des Eingangssignals für G1 – ein wildes Schwingen des Ausgangssignals im Moment des Zustandswechsels ausschließen.
Schließlich noch eine Bemerkung zu den frequenzbestimmenden Bauelementen: Bei kleinen Widerstandswerten (<10 kΩ) und geringen Kapazitätswerten (<1 nF) kommt es zu Abweichungen vom errechneten Wert für die Frequenz, da die Gatterausgangswiderstände und parasitäre Kapazitäten Bedeutung erlangen.

4.4. Generator mit Ausrolleffekt

Ein solcher Generator wird dort eingesetzt, wo es zu einem «Ausrolleffekt» kommen soll, z. B. bei Schaltungen für elektronische Unterhaltungsspiele. Einen praktisch erprobten Schaltungsvorschlag mit wenig Aufwand zeigt Bild 4.4. Bei geschlossenem

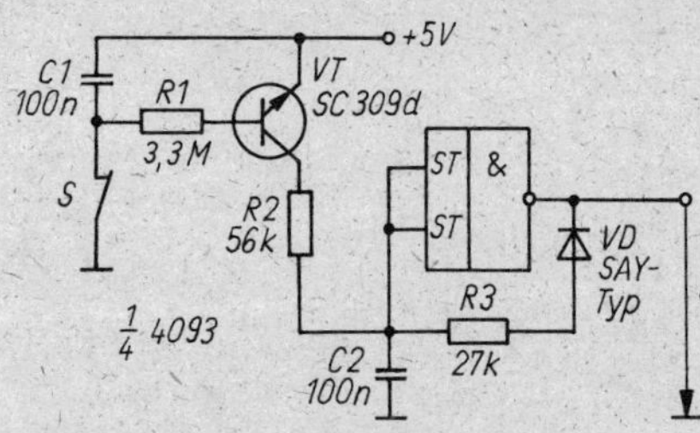

Bild 4.4
Generator mit langsam abnehmender Frequenz

Schalter schwingt der Oszillator mit höchster Frequenz (etwa 200 Hz). Wird S geöffnet, entlädt sich C_1 langsam über R_1, und die Kollektor-Emitter-Strecke des Transistors wird hochohmiger. Erreicht die Kondensatorspannung die Schwellspannung der Basis-Emitter-Diode, beträgt die Frequenz nur noch wenige Hertz, bevor die Schwingungen ganz abreißen und der Ausgang auf H-Pegel verharrt.

4.5. *Schmitt*-Trigger

Oftmals wird ein *Schmitt*-Trigger mit konkret vorgegebenen Schaltschwellen gewünscht, so daß der *Schmitt*-Trigger-Schaltkreis nicht zur Anwendung kommen kann. Mit 2 Widerständen und einem nichtinvertierenden Gatter bzw. 2 Invertern läßt sich aber ein *Schmitt*-Trigger mit zur Umschaltspannung des Gatters symmetrisch liegenden, sonst aber frei wählbaren Schaltschwellen aufbauen (Bild 4.5). Für die untere Schaltschwelle gilt

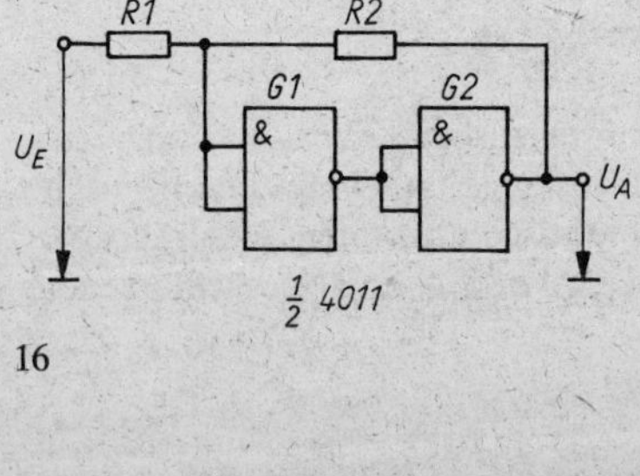

Bild 4.5
Schmitt-Trigger mit 2 NAND-Gattern

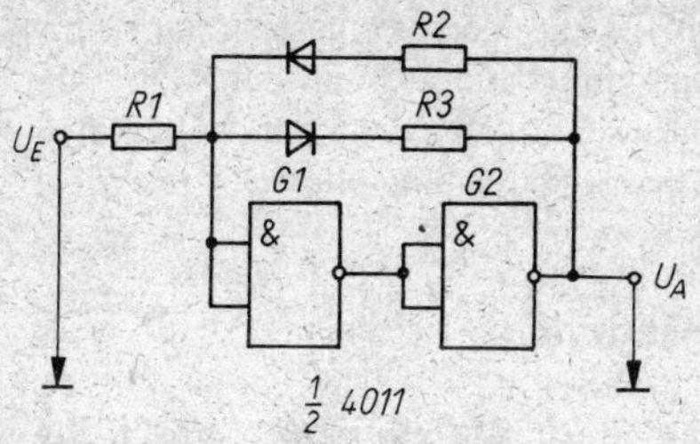

Bild 4.6
Freie Wahl der Schaltschwellen

$$U_N = \frac{R_2 - R_1}{2R_2} U_{CC}.$$

Die obere Schaltschwelle errechnet sich zu

$$U_P = \frac{R_1 + R_2}{2R_2} U_{CC}.$$

Hat R_2 z.B. den doppelten Wert von R_1, erhält man die Schwellen bei 1/4 U_{CC} bzw. bei 3/4 U_{CC}.
Sollen die Schwellen unsymmetrisch zur Umschaltspannung liegen, wird die Schaltung gemäß Bild 4.6 modifiziert. Es gilt dann

$$U_N = 0{,}5\,U_{CC} - \frac{R_1(0{,}5\,U_{CC} - U_F)}{R_2}$$

bzw.

$$U_P = \frac{R_1 + R_3(0{,}5\,U_{CC} - U_F)}{R_3} + U_F.$$

Vernachlässigt man die Flußspannung U_F, erhält man:

$$U_N = \frac{R_2 - R_1}{2R_2}$$

und

$$U_P = \frac{R_1 + R_3}{2R_3}.$$

Bei diesem *Schmitt*-Trigger ist für nennenswert von U_{CC} bzw. Masse abweichende Eingangsspannungen die Stromaufnahme der Schaltung zu beachten. Ist die Versorgungsspannung hoch und liegt die Eingangsspannung für G1 in der Nähe der Umschaltschwelle, kann dieses Gatter so viel Strom aufnehmen, daß die maximale Schaltkreisverlustleistung überschritten wird.

4.6. Monoflop mit 2 Gattern

Mit dem *V 4538 D* steht ein 2faches Monoflop zur Verfügung, das retriggerbar, rücksetzbar und wahlweise mit Vorder- oder Rückflanke des Triggerimpulses auslösbar ist. Da aber den zeitbestimmenden Bauelementen Grenzen gesetzt sind, läßt sich eine Haltezeit unter $20\,\mu s$ nicht einstellen.

Auch mit einem D-Flip-Flop des *V 4013 D* läßt sich ein Monoflop mit wenig Außenbeschaltung aufbauen. Eine weitere Möglichkeit ist die Verwendung von 2 Gattern nach Bild 4.7. Trifft ein Triggerimpuls ein, entlädt sich C_2 über die Diode und den Innenwiderstand des Ausgangs von G1, und G2 nimmt Ausgangs-H-Potential an. Die Haltezeit beträgt

$$t_H = C_2 R_2 \ln \frac{2(U_{CC} - U_F)}{U_{CC}},$$

für $U_{CC} > 5\,V$ gilt mit praktisch ausreichender Genauigkeit

$$t_H \approx 0{,}7\, C_2 R_2.$$

Voraussetzung ist, daß C_2 beim Triggern annähernd entladen wird. Dazu ist eine bestimmte Triggerimpulsbreite notwendig. Das Verhältnis von Haltezeit zu erforderlicher Triggerimpulsbreite ist direkt proportional zu C_2:

$$t_E \geq 5\, R_I C_2.$$

Der Gatterausgangswiderstand R_I beträgt bei $U_{CC} = 5\,V$ typisch $1\,k\Omega$. Falls mit R_1, C_1 dynamisch angesteuert wird, ist die Zeitkonstante entsprechend zu bemessen:

$$R_1 C_1 \geq t_E.$$

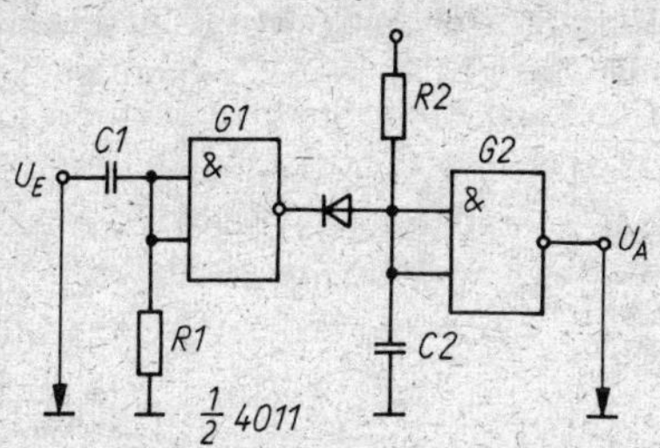

Bild 4.7
Monoflop mit
2 NAND-Gattern

Bei höheren Betriebsspannungen und großen Kapazitätswerten sollte ein Strombegrenzungswiderstand in Reihe zur Diode geschaltet werden, um G1 zu schützen.

4.7. Entprellschaltung mit D-Flip-Flop

Das Entprellen (eines mechanischen Schalters oder Tippkontaktes) ist in der Digitaltechnik oft erforderlich. Gewöhnlich wird dazu das RS-Flip-Flop herangezogen, doch weist dieses getrennte Eingänge zum Ein- und Ausschalten auf. In der Praxis möchte man das oft umgehen. Es kann die Schaltung nach Bild 4.8 angewendet werden. Das D-Flip-Flop läßt sich bekanntlich durch Verbinden des D-Eingangs mit dem Ausgang $\bar{Q}$ als Frequenzteiler schalten. Durch Einfügen von *C* wird hier aber diese Funktion für den «Prell-Burst» unterbunden. Die 1. steigende Flanke, die beim Schließen des Schalters entsteht, läßt das Flip-Flop kippen. Schnell folgende weitere Flanken bleiben wirkungs-

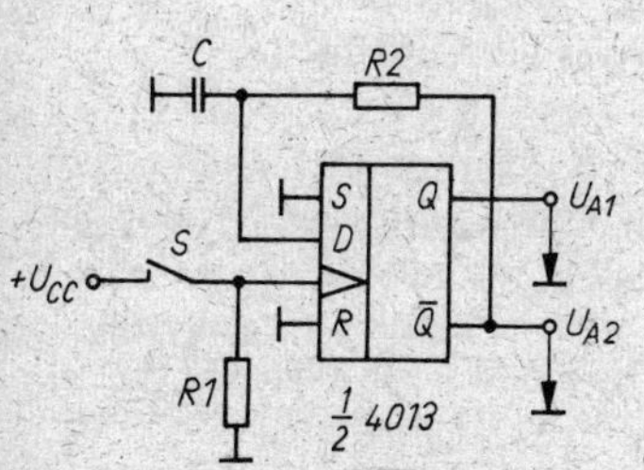

Bild 4.8
Entprellschaltung mit D-Flip-Flop

los, da das Potential am D-Eingang noch eine gewisse Zeit seinen logischen Pegel behält. Für die Praxis hat sich eine Zeitkonstante

$$C R_2 \geq 100\,\text{ms}$$

als ausreichend erwiesen (z. B. $C = 100\,\text{nF}$, $R_2 = 1{,}5\,\text{M}\Omega$). Auch R_1 kann sehr groß gewählt werden, so daß ein Sensorschalter kein Problem ist.

4.8. Entprellschaltung mit nichtinvertierendem Gatter

Eine weitere einfache Lösung zeigt Bild 4.9. Sie verfügt zwar nicht über den Vorteil, mit einem Taster oder Tippkontakt auszukommen, weist dafür aber praktisch keine Zeitkonstante, d. h. «Erholzeit», auf. Der Wechselkontakt kann mit beliebiger Frequenz geschaltet werden und dabei prellen. Einsatzmöglichkeiten dieser Schaltung bestehen daher speziell bei Relaiskontakten. Wechselt bei der 1. Berührung mit neuem Potential am Eingang der Ausgangspegel des Gatters, wird der Eingang sofort auf diesem neuen Potential gehalten, auch wenn der Relaiskontakt noch einige Male abhebt.

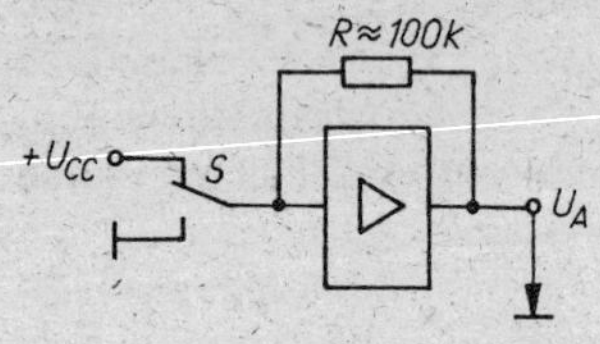

Bild 4.9
Einfache Entprellschaltung für Wechselkontakte

4.9. Sensorschalter mit einer Kontaktfläche

Bei Berührungsschaltern wird oft der Hautwiderstand genutzt. Dazu sind 2 Sensorflächen anzuordnen, die bei Berührung überbrückt werden. Günstiger ist es, bei netzbetriebenen Geräten die Körperkapazität gegen Erde (100 ... 300 pF) auszunutzen, da dann eine Tippfläche genügt. Diese läßt sich i. allg. einfacher herstellen (Reißzwecke!).

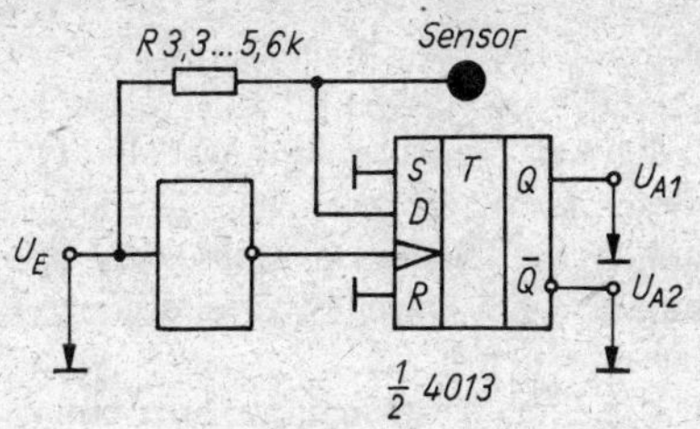

Bild 4.10
Sensorschalter für netzbetriebene Geräte

Bild 4.10 zeigt eine erprobte Lösung. Die Eingangsspannung für das D-Flip-Flop eilt dem Takt C leicht voraus, denn der Inverter verzögert das Signal. Mit steigender Taktflanke übernimmt das D- Flip-Flop die Information am Eingang D und hält sie bis zur nächsten steigenden Taktflanke. Daher wird stets ein L-Signal übernommen und ausgegeben (Q). Wird der Sensor berührt, ergibt sich durch die Körperkapazität vor dem D-Eingang ein Tiefpaß, so daß Anstiegs- und Abfallzeit des Signals an D groß werden. Bei steigender Taktflanke liegt jetzt das Signal noch im Bereich für H-Pegel. Der Ausgang Q geht für die Zeit der Berührung auf H-Potential. Bild 4.11 verdeutlicht den Ablauf.
Es sind beliebige Inverter-Gatter verwendbar. Der Widerstand *R* darf nicht zu hoch gewählt werden. Bei 10 kΩ reichen die parasitären Kapazitäten schon aus, um ständig einzuschalten. Die Frequenz ist unkritisch (bis 1 MHz erprobt), sie kann daher von einer anderen Baugruppe stammen. Die Masse der Schaltung ist unbedingt – notfalls kapazitiv – mit Netzerde zu verbinden.

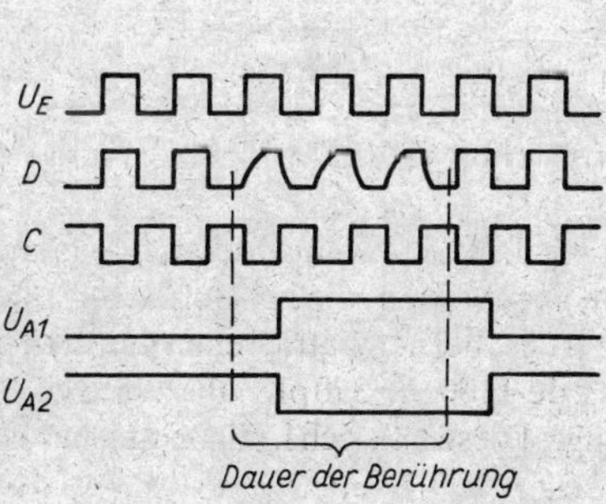

Bild 4.11
Zur Funktion des Sensorschalters

4.10. Analogumschalter

Zum Schalten analoger und digitaler Signale sind innerhalb der Reihe *V 4000 D* 2 spezielle Schaltkreise vorgesehen.
Der *V 4066 D* enthält 4 unabhängige Schalter, die mit $+U_{CC}$ an den Steuereingängen eingeschaltet sind. Durch Inverter ergänzt, lassen sich auch 2 Umschalter aufbauen.
Der *V 4051 D* kann wahlweise je einen von 8 Signalwegen durchschalten, läßt sich also mit einem Drehschalter 1 aus 8 vergleichen. Der gewünschte Kanal wird als 3-bit-Wort eingegeben.
Auch der *V 4007 D* ist als Umschalter nutzbar (Bild 4.12). Die beiden linken Transistoren arbeiten dabei als Inverter für die Steuerspannung. Ist das Potential am Anschluß St gleich $+U_{CC}$, sind E1 und A verbunden; liegt $-U_{CC}$ am Anschluß St, sind E2 und A verbunden.
Diese Schalter wirken bilateral (Betriebsrichtung ohne Bedeutung), wobei es nur bei geringen Lastwiderständen eine Vorzugsrichtung gibt. Sie sind nicht ideal. Die zu schaltende Spannung muß im Betriebsspannungsbereich des Analogschalters liegen.

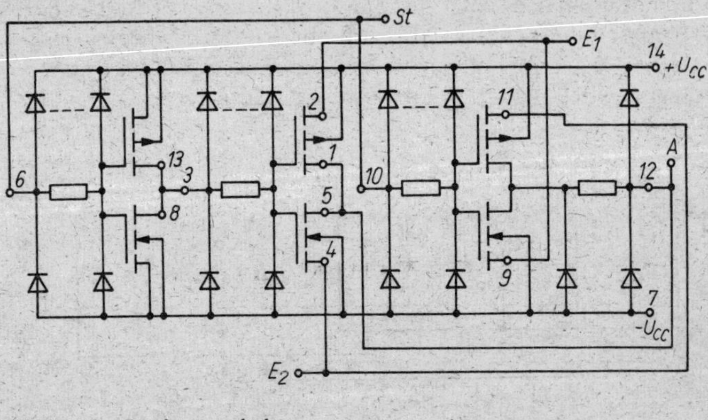

Bild 4.12 Analogumschalter

Der Ein-Widerstand ist relativ hoch ($\approx$ 1 kΩ) und vor allem betriebsspannungsabhängig. CMOS-Analogschalter können jedoch problemlos eingesetzt werden, wenn die Betriebsspannung konstant bleibt, die Lastwiderstände hoch sind und die Eingänge auf die gleiche Betriebsspannung bezogen sind wie der Schalter.

4.11. Langzeitgeber

Durch die weitgehende Zugänglichkeit zu seinen internen Transistoren kann der *V 4007 D* universell genutzt werden. Bild 4.13 stellt einen möglichen Einsatzfall vor.
Bei diesem Zeitschalter wird der Kondensator bei Tasterbetätigung entladen. Am Anschluß 10 steht Massepotential, und der Ausgang geht auf H-Pegel. Nun fließt ein durch den linken, oberen Transistor bereitgestellter Konstantstrom in den Kondensator. Daher nimmt die Spannung am Anschluß 10 zeitproportional zu. Wird die Umschaltschwelle erreicht, beginnt das Ausgangs-Transistorpaar «umzukippen», bis schließlich wieder exakt L-Pegel am Ausgang erscheint.

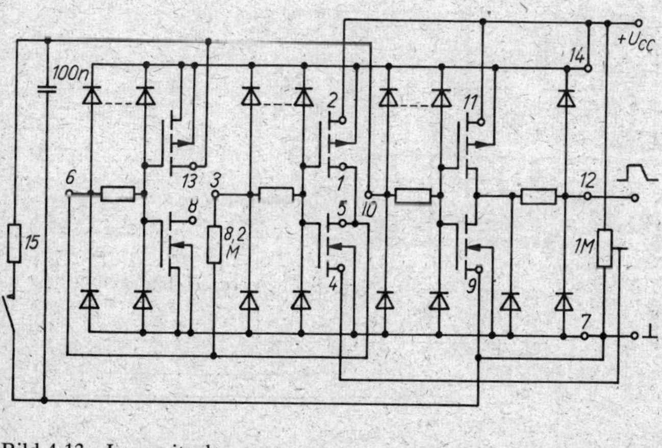

Bild 4.13 Langzeitgeber

Bei einem Versuchsaufbau mit der gezeigten Dimensionierung ($+U_{CC}$ = 3V und 5V) erfolgte 1 min nach Tasterbetätigung der Abfall der Ausgangsspannung, nach 1,5 min war $U_{CC}/2$ erreicht. Dieses schlechte Ausschaltverhalten entsteht durch die gezogene Übergangskennlinie ungepufferter CMOS-Inverter. Wegen des in der Übergangsphase auftretenden Querstroms sind hohe Betriebsspannungen zu vermeiden. Das Nachschalten mindestens eines Gatters wird empfohlen (*Schmitt*-Trigger, sonst Selbstschwingen!). Durch höhere Kapazitätswerte (z. B. 10 μF, kein Elektrolytkondensator!) lassen sich mit dieser Amateurschaltung Haltezeiten bis zu einigen Stunden erreichen.
In Bild 4.14 wurde die Schaltung noch einmal in einer dem Praktiker mehr entgegenkommenden Weise dargestellt. Diese Art der Darstellung (IS in der Draufsicht symbolisiert) ist international recht stark verbreitet – nicht nur bei «Sonderlingen» wie dem *4007* sondern bei allen IS, sofern sie nicht nur Gatter oder Analogschalter enthalten. Obwohl sich inzwischen weitestgehend einheitliche und akzeptable Schaltzeichen für Digitalschaltkreise durchgesetzt haben, wurde in dieser Broschüre für den Praktiker auf die erwähnte Darstellungsform zurückgegriffen.

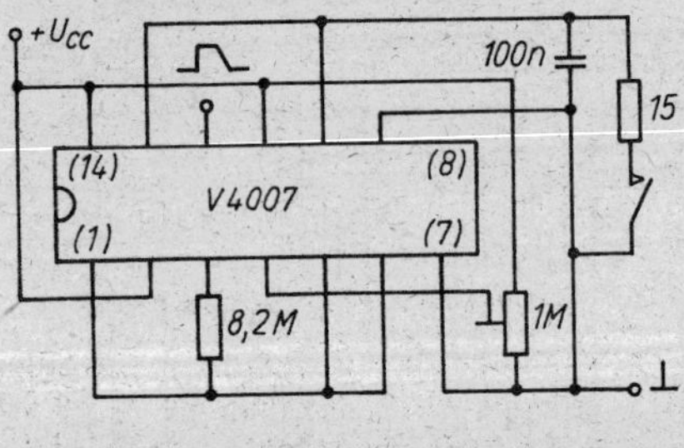

Bild 4.14 Diese Darstellung des Langzeitgebers ist für die Praxis günstiger

5. CMOS-Logikprüfstift

5.1. Anforderungen

An einen solchen Prüfstift werden folgende Forderungen gestellt:

- Anschluß an Versorgungsspannungen 3 … 15 V ohne deren erhebliche Belastung (d. h., Speisung aus der Betriebsspannung der zu untersuchenden Schaltung möglich);
- Vorpolungsschutz;
- Anzeige der statischen Pegel;
- Erkennung von HL- und LH-Flanken, LHL- und HLH-Einzelimpulsen bzw. beliebigen Impulsfolgen, wobei maximal erkennbare Impulsbreite und Folgefrequenz den für Standard-CMOS-Schaltkreise gültigen Maximalwerten nahekommen sollten;
- Überlastungssicherheit des Eingangs;
- überschlägige Bewertung des Tastverhältnisses möglich;
- hochohmiger und kapazitätsarmer Eingang;
- übersichtliche Anzeige;
- kleiner und handlicher Aufbau.

5.2. Schaltung

Eine diesen Anforderungen weitgehend nahekommende Schaltung zeigt Bild 5.1.

Würde man zur Erkennung des statischen L- bzw. H-Pegels ein CMOS-Gatter einsetzen, gäbe es 2 Probleme:

1. Man kann keinen «verbotenen» Bereich festlegen.
2. Bei höheren Betriebsspannungen und Lage des Eingangspegels nahe der Umschaltschwelle wird durch den hohen Querstrom die Gatterverlustleistung überschritten.

Der Schaltungsteil zur Anzeige der statischen Pegel arbeitet des-

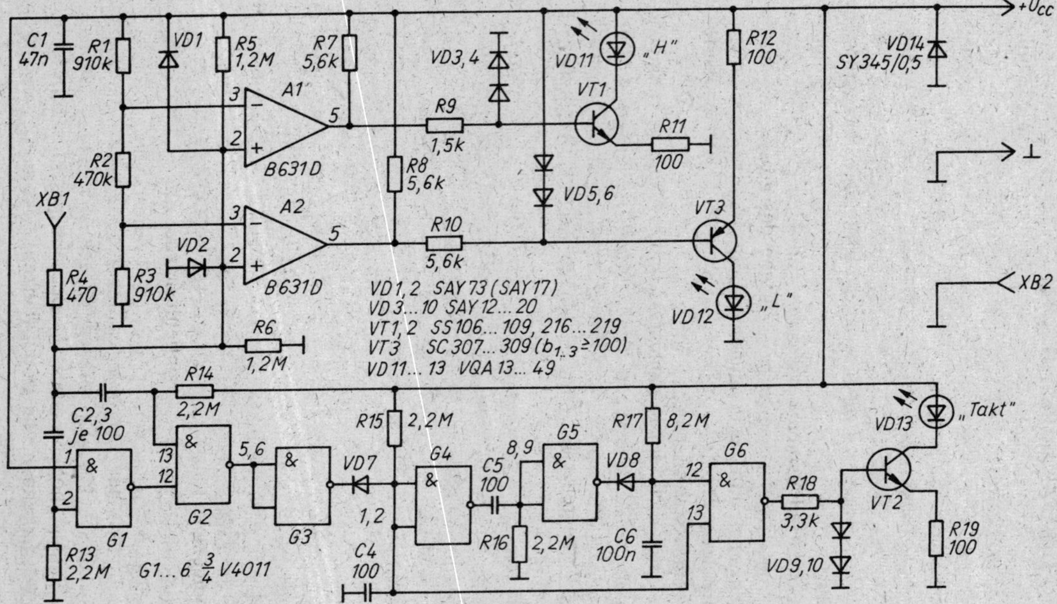

Bild 5.1 Schaltung des vielseitigen CMOS-Prüfstifts

halb mit 2 als Komparatoren geschalteten Operationsverstärkern *B 631 D*. Diese verfügen über eine Darlington-Eingangsstufe, deren Eingangswiderstand sehr hoch ist, solange die anliegende Spannung im Bereich der Betriebsspannung bleibt. Die minimale Betriebsspannung beträgt ± 2 V.

Mit $R_1 \dots R_3$ werden die Referenzspannungen auf etwa 40 % bzw. 60 % von U_{CC} festgelegt. Liegt keine Eingangsspannung an oder befindet sich diese im «verbotenen» Bereich, liegt die Ausgangsspannung von A1 nahe dem Massepotential, die von A2 nahe U_{CC}. In diesem Fall bleiben beide LEDs dunkel.

Für deren Ansteuerung kommen wegen des großen Betriebsspannungsbereichs nur Stromquellen in Betracht. Sie liefern etwa 6 mA, so daß die maximale Stromaufnahme des Prüfstifts unter 20 mA bleibt.

R_9 ist erforderlich, da die Kollektor-Emitter-Restspannung des Ausgangstransistors von A1 höher als U_{BE} für VT1 werden kann und VD11 ohne diesen Widerstand kaum sichtbar glimmen würde. R_{10} begrenzt den Diodenstrom bei niedrigem Ausgangspegel von A2.

Der Eingang ist bis 50 V (positive bzw. negative Gleichspannung oder Sinus-Effektivwert) geschützt. Die Fehlspannung darf allerdings nur kurzzeitig anliegen. Werden Dioden *SAY 17* für VD1 und VD2 eingesetzt, vermindert sich der Maximalwert einer Fehlwechselspannung auf $U_{eff} = 40$ V. VD14 schützt die Operationsverstärker und CMOS-Schaltkreise bei Falschpolung der Betriebsspannung vor Zerstörung. Dieser Typ (*SY 345/05*) weist mit 1,4 A den höchsten Dauergrenzstrom sowie die kleinste Flußspannung der schnellen Gleichrichterdioden auf. Eine Überlastung ist kaum zu befürchten, da Netzteile für CMOS-Schaltungen in der Regel wenig stromergiebig sind. Um jedoch eine Beschädigung von nicht kurzschlußfesten Netzteilen und Primärelementen auszuschließen, empfiehlt sich der Einbau einer Feinsicherung.

Das Einfügen einer Verpolungsschutzdiode in üblicher Weise bringt bei diesem Prüfstift Nachteile (Pegelbereich betriebsspannungsabhängig, höhere minimale Betriebsspannung erforderlich). Zum Erkennen von Impulsflanken, Einzelimpulsen und

beliebigen Impulsfolgen dient der Schaltkomplex mit den Gattern G1 ... G6. Beim Auftreten von Flanken oder Einzelimpulsen leuchtet VD13 für etwa 0,5s auf; liegt eine Taktfrequenz an, leuchtet diese LED ständig. G1 und G2 invertieren HLH-Einzelimpulse. Treffen Flanken ein, entstehen am Ausgang von G2 ausreichend breite positive Nadelimpulse. Andere Signale erscheinen am Ausgang von G2 unverfälscht.
Damit sind für die 2 nachgeschalteten, retriggerbaren Monoflops die erforderlichen Ansteuerbedingungen geschaffen. Um bei einer Ausgangsimpulslänge von 0,5s möglichst schmale Impulse erkennen zu können, wurden die Ladewiderstände hochohmig gewählt und beide Monoflops seriell geschaltet. Bei einer Folgefrequenz geht der Ausgang von G4 ständig auf H-Pegel. Damit VD13 trotzdem ständig leuchtet, ist ein Eingang von G6 an die Eingänge von G4 geschaltet.
Über XB2 ist eine kurze, gut leitende Masseverbindung herstellbar.
Abrüstvarianten bzw. Erweiterungsmöglichkeiten für diesen Logikprüfstift sind [5] zu entnehmen.

5.3. Aufbau

Der Prüfstift kann mit geringem Volumen aufgebaut und handlich ausgeführt werden.
Bild 5.2 gibt dazu einen Leiterplattenvorschlag wieder, Bild 5.3 zeigt den Bestückungsplan. Man kommt mit wenigen Brücken aus. Die Bilder 5.4 und 5.5 zeigen die kleinen Träger, die auf die Leiterplatte geschraubt werden. Es ist zu beachten, daß die Bohrungen im Träger für die Anzeige entsprechend der zum Einsatz kommenden LEDs ausgeführt werden. Diese fixiert man z. B. mit Zweikomponentenkleber *EP11*.
Die Abmessungen für die 2 Gehäuseschalen gibt Bild 5.6 an, wenn man ein Blechgehäuse vorsehen will. Das Funktionsmuster besitzt ein solches Gehäuse. Es wird zum Schluß mit Alkydharz-Autolack gestrichen oder gespritzt (Spray). Wenn handwerkliche Voraussetzungen für die Anfertigung eines solchen Gehäuses

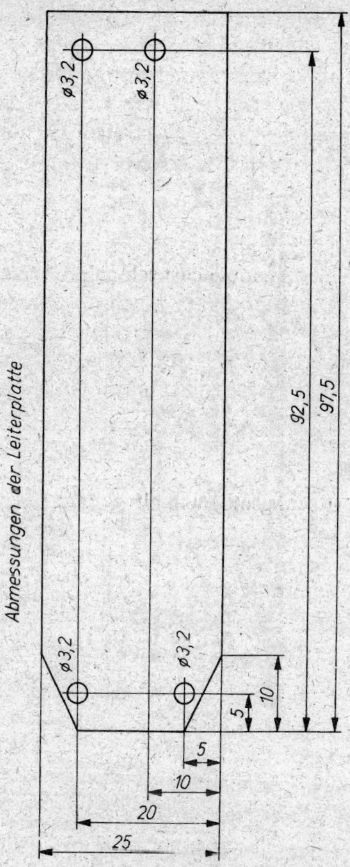

Bild 5.2 Leiterplattenvorschlag für den Prüfstift;
a – Abmessungen, b – Bestückungsplan

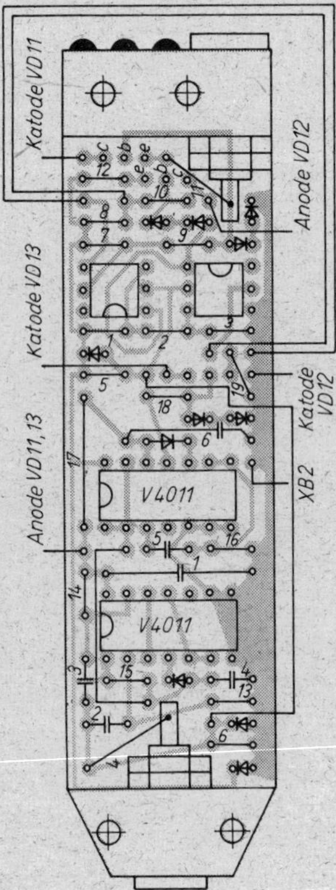

Bild 5.2b

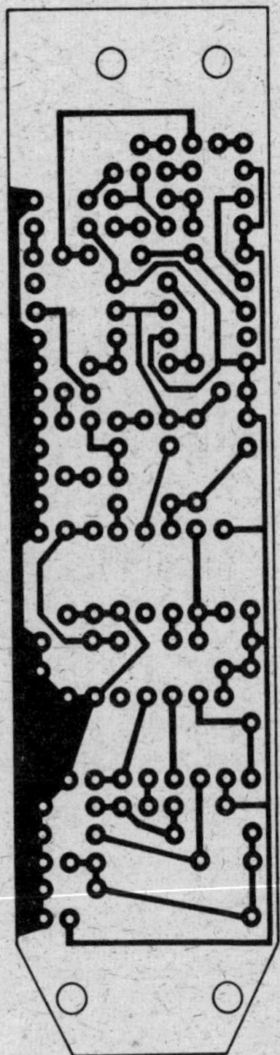

Bild 5.3
Leitungsführung zu Bild 5.2b

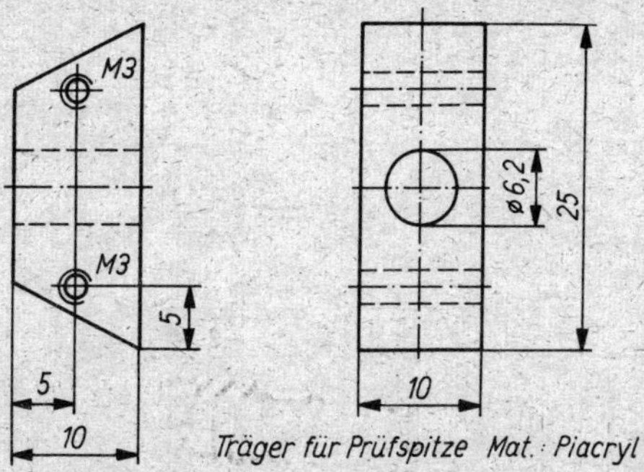

Bild 5.4 Maßskizze des Trägers für die Prüfspitze (XB 1)

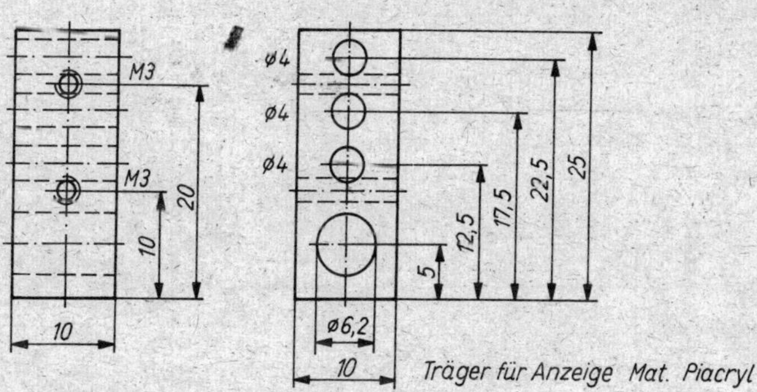

Bild 5.5 Maßskizze des Trägers für die Anzeige-LEDs und XB 2

fehlen, kann man z. B. auch ein Gehäuse aus kupferkaschiertem Basismaterial zusammenlöten. Dann sind eventuell die Träger etwas zu modifizieren. Eine völlig andere Gestaltung der Träger für Prüfspitze und Anzeige erfordert der Einbau in ein PVC-Rohr. Die Rückansicht des Prüfstifts zeigt Bild 5.7.

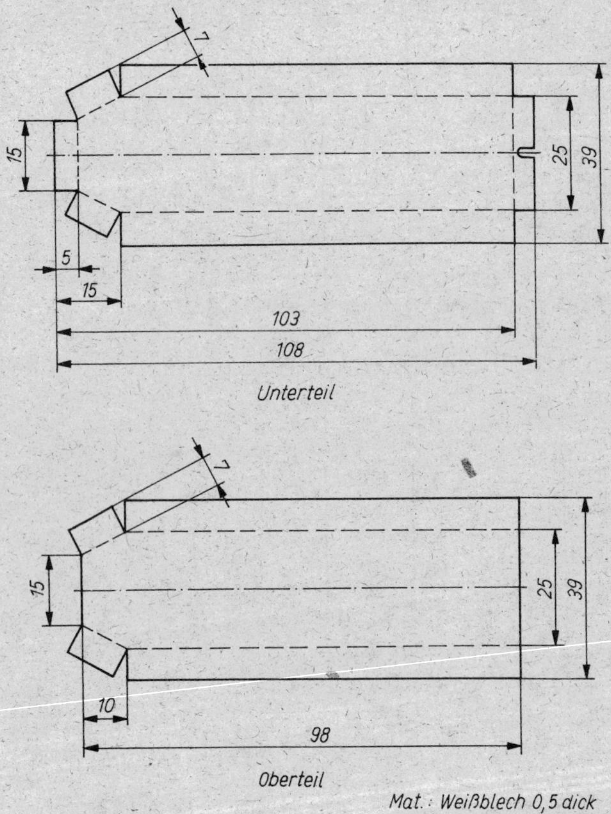

Bild 5.6 Maßskizze für ein Gehäuse aus Weißblech

In Bild 5.8 wird gezeigt, wie eine Feinsicherung in einem «Bananenstecker» des Zuleitungskabels für die Betriebsspannung untergebracht werden kann. Dazu ist auf den Stecker eine Hülse aufzukleben. Diese kann aus Rundmaterial mit einem Durchmesser von 10 ... 12 mm (z. B. *Pertinax*) hergestellt werden, oder

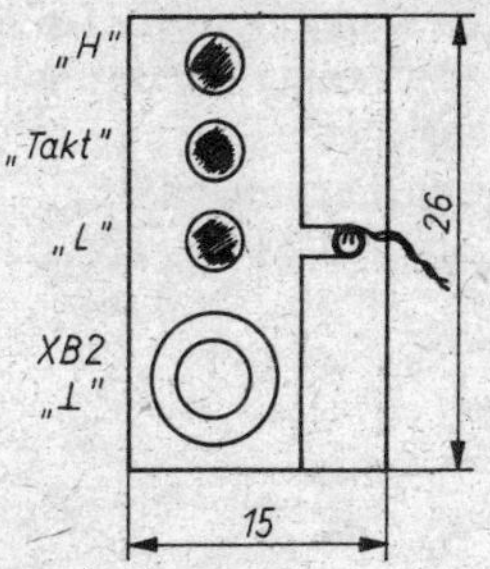

Bild 5.7
Rückansicht des Prüfstifts

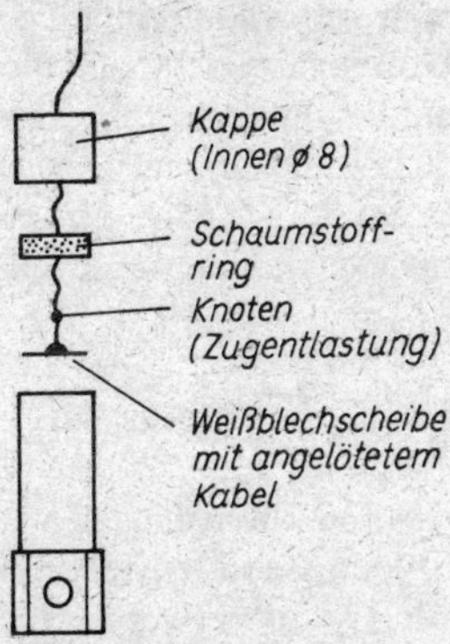

Bild 5.8
Skizze zum Einbau einer Feinsicherung in einen Stecker

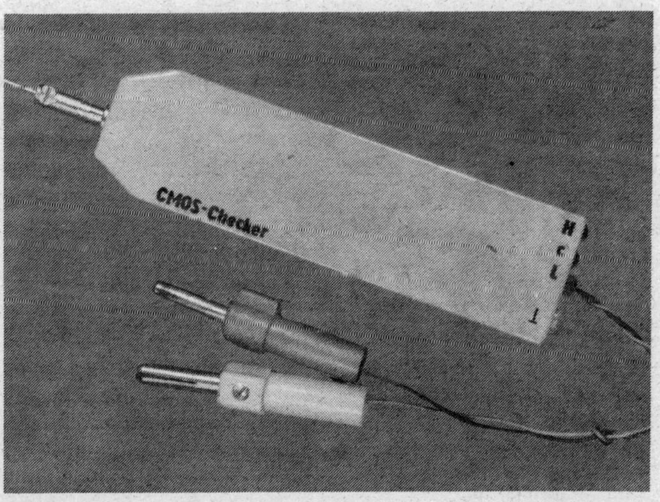

Bild 5.9 Ansicht des Funktionsmusters

man verwendet einen geeigneten Tubenverschluß. Die vordere Öffnung ist leicht aufzubohren, so daß die Sicherung gerade hindurchpaßt. Der Steckerkontakt hat dann noch guten Sitz, und die Sicherung kann ausgewechselt werden, wenn man ihn entfernt. Das Bild 5.9 zeigt das Funktionsmuster des CMOS-Logikprüfstifts.

5.4. Erprobungsergebnisse

Das Funktionsmuster wurde sorgfältig getestet, wobei folgende Ergebnisse festzustellen sind:
Die Operationsverstärker funktionieren als Komparator schon ab ±1,5V. Der Prüfstift war deshalb bei U_{CC} = 3V voll funktionsfähig. Die dynamischen Eigenschaften wurden bei U_{CC} = 5V und 10V und entsprechender Signalamplitude getestet.
Die LED *Takt* reagierte bis 10MHz (höchste Generatorfrequenz). Einzelimpulse ab 120ns Breite wurden erkannt.
Bei U_{CC} = 5V wurde bis zu einer Frequenz von 250kHz bei einem Tastverhältnis von 2 (Ein- und Ausschaltzeit gleich) ein gleichmäßiges mittleres Leuchten von L- und H-Leuchtdiode festgestellt. Mit weiterer Frequenzerhöhung verlosch die LED L. Eine Tastverhältnisauswertung bis hin zu einem Tastverhältnis von 1,1 war bis 50kHz erstaunlich gut möglich. Wurde bei 100kHz das Tastverhältnis kleiner als 1,25, blieb die LED L dunkel. Sie verlosch ebenfalls, wenn bei 200kHz das Tastverhältnis kleiner als 2 wurde. Die LED H reagierte auch bei dieser Frequenz noch auf schmale H-Impulse (d. h. bei großen Tastverhältnissen) sehr gut.
Bei höheren Spannungen werden die Operationsverstärkereingänge mehr übersteuert. Für U_{CC} = 10V wurde darum das eben geschilderte Verhalten nur jeweils bei der Hälfte der für U_{CC} = 5V angegebenen Frequenz erreicht.
Das träge Verhalten der LED L konnte eliminiert werden, indem U_{CC} etwas höher als die Signalamplitude gewählt wurde (externe Versorgung oder Minderung der Signalamplitude durch Diode am Prüfstifteingang).

6. CMOS-Autoalarmanlage

Die Alarmanlage nach Bild 6.1 benutzt als Auslöseorgan die an Fahrzeugmasse liegenden Türschalter für die Innenbeleuchtung. Diese sind parallelgeschaltet. Ein solcher Schalter ist relativ leicht zugänglich. Den Anschluß der Alarmanlage kann man daher in vielen Fällen direkt am Schalteranschluß vornehmen, oder man zapft die Zuleitung an. Die Alarmanlage ist weiterhin direkt an die (positive) Bordspannung und an Fahrzeugmasse anzuschließen. Bei 6V Bordspannung wäre ein Relais vom Typ *GBR 20.1/1.05* einzusetzen; weitere Veränderungen sind nicht erforderlich. Jedoch besitzt der *Trabant* nicht die erwähnten Türkontakte, so daß ein nachträglicher Einbau erforderlich ist. Bei 12V Bordspannung kommt der Typ *GBR 20.1/1.12* zur Anwendung. Das Relais besitzt 2 Umschaltkontakte. Ein Umschalter wird als Schließer parallel zum Schalter für die Hupe angeschlossen. Der 2. Umschalter kann als Öffner in den Zündstromkreis eingefügt werden.

Im ausgeschalteten Zustand (Geheimschalter S geöffnet) wird die Fahrzeugbatterie praktisch nicht belastet. Der Ruhestrom ist davon abhängig, ob die Innenbeleuchtung eingeschaltet ist oder nicht. Im letzteren Fall fließen etwa 20μA.

Das Einschalten der Alarmanlage kann bei geöffneter oder geschlossener Tür erfolgen. Erst nach dem Einschalten bekommen G1 ... G4 ihre Betriebsspannung. War die Tür offen (Türschalter geschlossen), nimmt der Ausgang von G3 H-Zustand ein (Setzen des RS-Flip-Flops). War die Tür geschlossen, bleibt am Ausgang des Gatters L-Pegel. Dieser Anfangszustand ist für die weitere Funktion ohne Bedeutung. Innerhalb der Zeit $t_1 \approx R_1 C_1$ (etwa 20s) kann die Tür beliebig oft betätigt werden. Der Ausgang von G3 nimmt dabei H-Pegel ein bzw. behält diesen bei.

Nach Ablauf der Zeit t_1 wird am Eingang 2 von G1 die Umschaltschwelle erreicht, und das Ausgangspotential wechselt von H auf L. Anschluß 8 von G2 erhält daher einen Impuls, der das Flip-

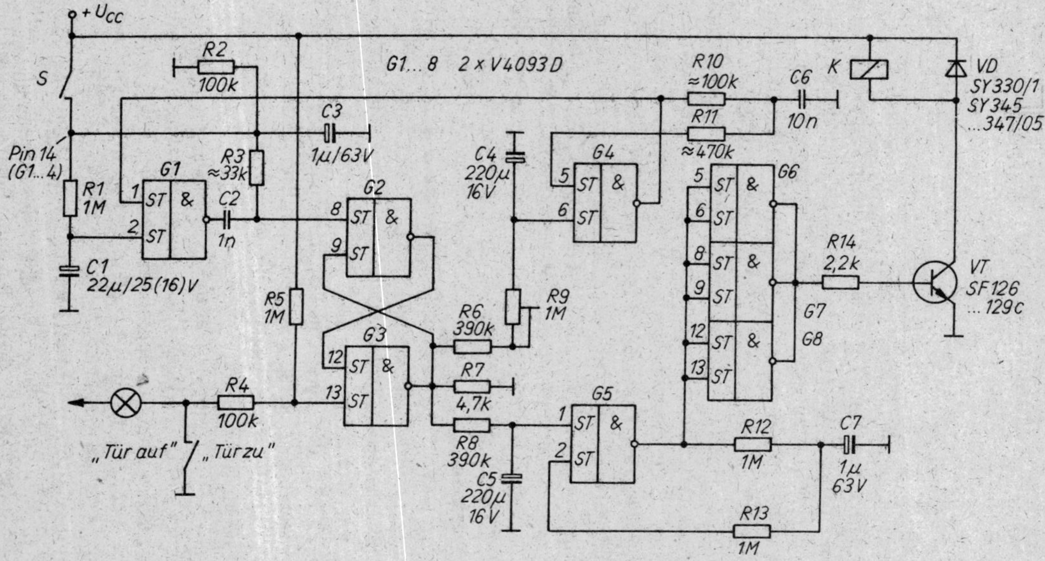

Bild 6.1 Schaltung der Autoalarmanlage (K siehe Text)

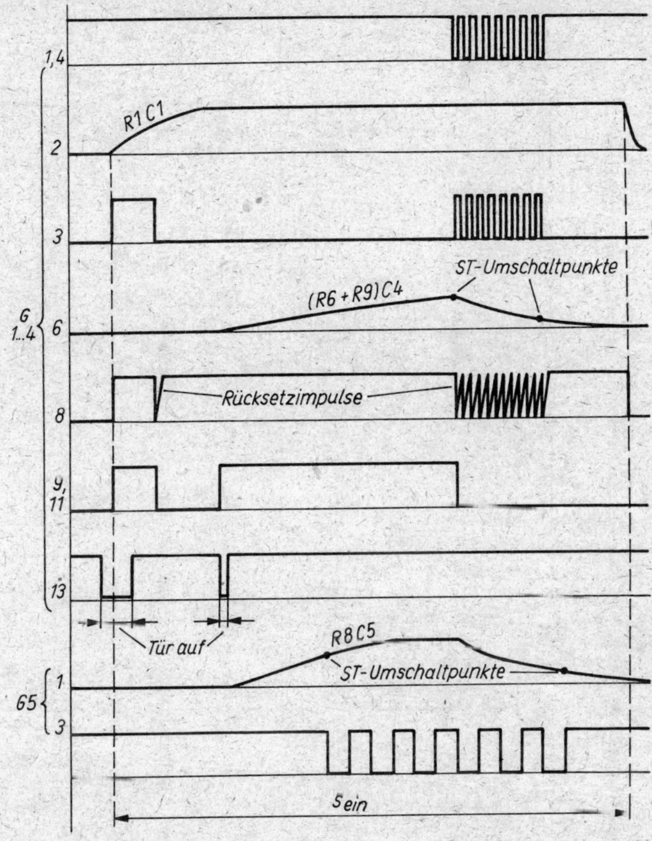

Bild 6.2 Schema der Pegelverhältnisse beim Ablauf Ruhe – Bereitschaft – Alarmauslösung – selbsttätige Abschaltung

Flop rücksetzt. Die Anlage ist jetzt in Bereitschaft (Stromaufnahme $\approx 200\,\mu$A).
Mit Öffnen der Tür wird das Flip-Flop gesetzt. Dieser Zustand kann nur durch Öffnen von S geändert werden. Erfolgt dies nicht,

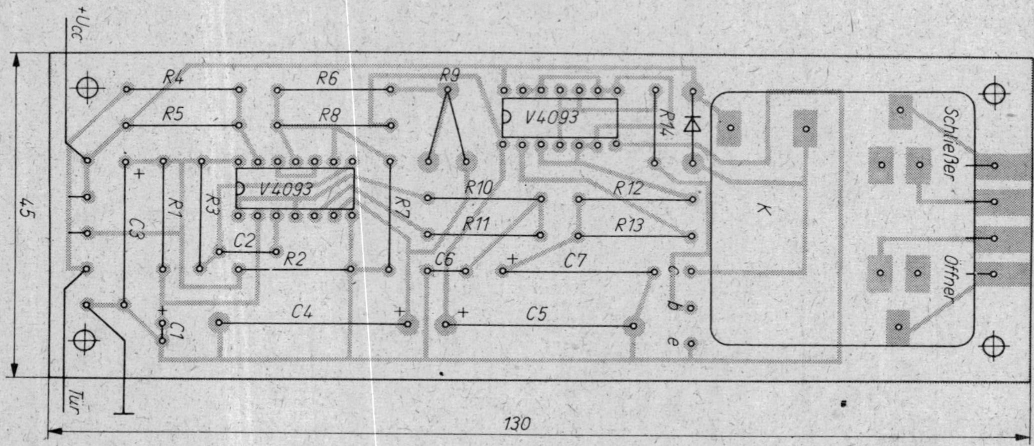

Bild 6.3 Leiterplattenvorschlag für die Alarmanlage (Abmessungen 45 mm × 130 mm)

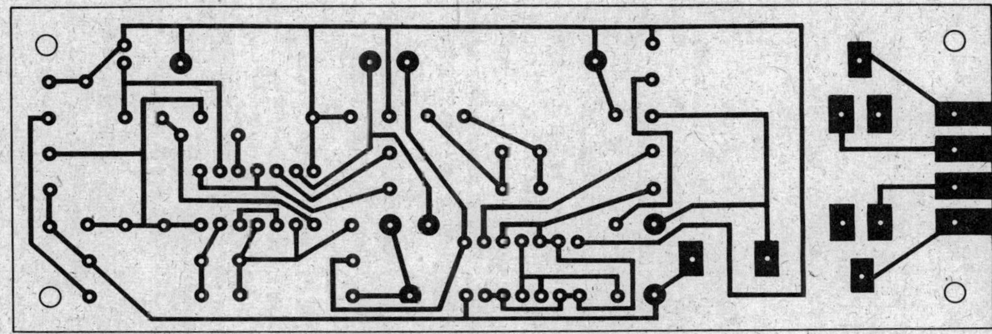

Bild 6.4 Leitungsführung für Bild 6.3

steigen die Spannungen an den Eingängen von G4 und G5 langsam an. Nach Ablauf der Zeit $t_2 \approx R_8 C_5$ (etwa 1,5 min) schwingt der Multivibrator mit G5 an.
Über die 3 parallelgeschalteten Gatter und VT wird das Relais rhythmisch ein- und ausgeschaltet ($f \approx 1\,\text{Hz}$). Wird unmittelbar danach die Anlage ausgeschaltet, wird die Alarmabgabe nach ungefähr 15 s abgebrochen. Diese Eigenschaft der Alarmanlage werden vergeßliche Kraftfahrer schätzen. Sucht und findet ein Unbefugter schließlich den Geheimschalter und schaltet ab, muß er länger warten, ehe die Anlage schweigt. Ein Dieb wird nach Ertönen des Alarmsignals wahrscheinlich sofort das Fahrzeug verlassen. In diesem Fall schaltet die Anlage nach Ablauf der Zeit $t_3 \approx (R_6 + R_9)\, C_4$ nach der Türbetätigung selbsttätig ab. Das geschieht durch Aktivieren eines 2. Multivibrators mit G4, welcher über G1 das Rücksetzen des Flip-Flop veranlaßt. Hat die Spannung am Anschluß 6 von G4 den unteren Umschaltpunkt erreicht, brechen die Schwingungen ab, und die Anlage ist wieder in Bereitschaft. Der erneute Bereitschaftszustand kann in Abhängigkeit von der Schleiferstellung von R_9 noch während der Alarmabgabe oder kurz nach Beendigung des Alarmsignals eintreten.
Die Alarmzeit ist $t_4 = t_3 - t_2$. Aufgrund des rechten starken Streubereichs der Triggerschwellen sowie des Toleranzbereichs von Elektrolytkondensatoren (Auslieferungstoleranz +50/ −20 % vom Nennwert) wurde mit R_9 eine Einstellmöglichkeit für t_3 und damit t_4 vorgesehen. Somit kann die Alarmzeit auf einen gewünschten Wert, z. B. 1 min, festgelegt werden.
Als Schaltungseinzelheit sei noch R_7 erwähnt, der unbedingt erforderlich ist, um das Ausgangspotential von G3 im betriebsspannungslosen Zustand dieses Gatters gegen Masse zu «ziehen».
Bild 6.2 gibt zum besseren Überblick ein Ablaufschema der eben geschilderten Vorgänge. Die Leiterplattengestaltung zeigen Bild 6.3 und 6.4. In Bild 6.5 ist das Funktionsmuster zu sehen.
Abschließend sei vermerkt, daß man diese Anlage aufgrund ihrer technischen Eigenschaften auch für viele andere Zwecke einsetzen kann.

7. Analogfrequenzmesser bis 5MHz

Für den Aufbau eines Frequenzmessers stehen dem Amateur 2 Wege zur Wahl: Entweder er entscheidet sich für den Bau eines Zählfrequenzmessers (kurz Zählers), oder er greift auf einen Zeigerfrequenzmesser zurück. Die Vorteile eines Zählers sind der hohe Frequenzbereich, die digitale Anzeige und die hohe Genauigkeit. Erfolgt der Aufbau mit Logik-Standardschaltkreisen, wird der Aufwand recht hoch. Zeigerfrequenzmesser kommen mit wesentlich weniger Bauelementen aus und lassen sich für Messungen im NF-Bereich als kleiner Zusatz zum vorhandenen Vielfachmesser ausführen.
An dieser Stelle soll ein empfindlicher Analogfrequenzmesser vorgestellt werden, der in 15 Bereichen Frequenzen von 30Hz ... 5MHz linear anzeigt.

7.1. Meßprinzip

Bevor näher auf die Schaltung eingegangen wird, soll anhand des Bildes 7.1 das Prinzip der Frequenzmessung erläutert werden. Es beruht darauf, innerhalb jeder Periode der zu messenden Frequenz einen Impuls konstanter Breite und Amplitude auf ein Drehspulinstrument zu geben, das aufgrund seiner Trägheit den arithmetischen Mittelwert anzeigt.
Fall A: Die Eingangsspannung hat eine Frequenz von 125Hz. Daher wird alle 8ms ein Impuls getriggert, der 2ms breit ist und eine Amplitude von 1V aufweist. Der arithmetische Mittelwert $\bar{U}$ dieses Pulses ist 0,25V = 8ms/2ms · 1V.
Fall B: Die Eingangsspannung hat eine Frequenz von 250Hz. Daher taucht der Rechteckimpuls doppelt so schnell auf. Der Zeiger des Spannungsmessers zeigt gegenüber Fall A den doppelten Wert an (4ms/2ms · 1V).
Die Betrachtung macht den linearen Zusammenhang zwischen

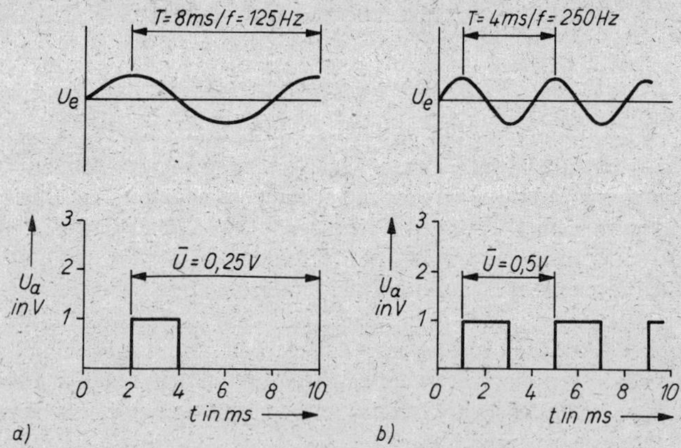

Bild 7.1 Prinzip der Frequenzmessung mit Analoganzeige

Frequenz und Zeigerausschlag deutlich. Mit Hilfe einer geeignet dimensionierten Schaltung, die nach diesem Prinzip arbeitet, können also Frequenzen ab einem Wert, bei dem der Zeiger noch nicht folgen kann, direkt und linear angezeigt werden.
Eine Digitalanzeige könnte mit einem A/D-Wandler, der auch bei relativ niedrigen Frequenzen integrierend wirkt (d.h. den arithmetischen Mittelwert anzeigt), realisiert werden. Beim *C 520 D* ist diese Voraussetzung nicht gegeben. Es müßte daher ein Integrierer vorgeschaltet werden. Das wäre praktisch gut möglich, da die höchste für die Anzeige vorkommende Frequenz bei dieser Schaltung nur 500 Hz beträgt.

7.2. Aufbaukonzeption

In Bild 7.2 ist der Übersichtsschaltplan des Geräts dargestellt. Die Eingangsspannung wird vorverstärkt und zu einem CMOS-gerechten Rechtecksignal geformt. An einer Frequenzteilerkette mit 4 Teilern 1:10, für die sich der *V 4017 D* eignet, kann eine

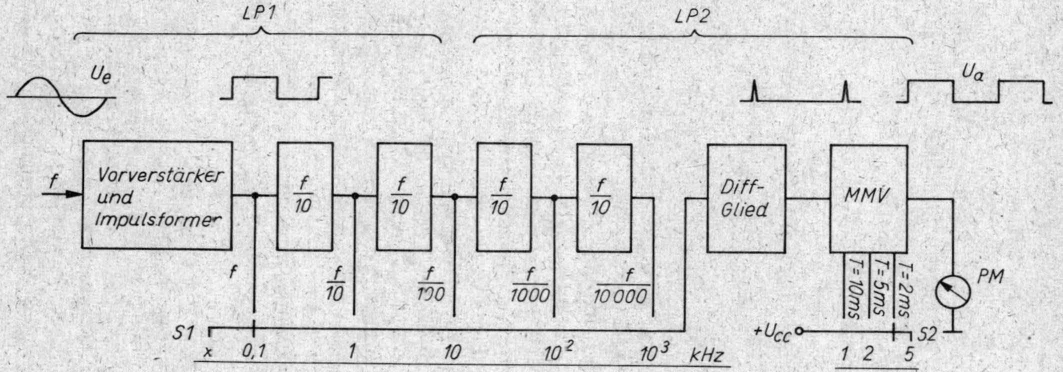

Bild 7.2 Übersichtsschaltplan des Analogfrequenzmessers

Eingangsfrequenz von 5 MHz auf 500 Hz geteilt werden. Der sich anschließende eigentliche Frequenzmesser wird an den Impulsformerausgang und an die Ausgänge der Teiler geschaltet. Ein Differenzierglied bildet aus den Rechtecksignalen Nadelimpulse konstanter Breite, die ein Monoflop mit einstellbarer Haltezeit triggern. Steht S2 z. B. in Stellung 2 und S1 in Stellung 10^2 kHz, ergibt sich der Bereich 200 kHz.
Der Aufbau der Schaltung wird auf 2 Leiterplatten vorgenommen. Ist bereits ein NF-Frequenzmesser vorhanden, kann dieser mit der Leiterplatte 1 für höhere Frequenzen erweitert werden.

7.3. Schaltung

Im Bild 7.3 ist der Schaltungsteil gezeigt, den die Leiterplatte 1 aufnimmt. Da sich die Weiterverarbeitung der geformten Impulse durch die CMOS-Schaltkreise einfach gestaltet, bleibt als «entwicklungsintensivste» Baugruppe der Vorverstärker. Er soll zwischen 30 Hz und 5 MHz möglichst gleichmäßig übertragen, empfindlich sein und eine hohe Eingangsdynamik besitzen, so daß ein «Fang»-Steller entfallen kann.
Die 1. Stufe arbeitet in Emitterschaltung mit Spannungsgegenkopplung. Der Kollektorstrom liegt bei 5 mA. Mit dem Einsatz des *SF 245* und der Wahl einer nicht zu hohen Verstärkung bleibt der Einfluß der *Miller*-Kapazität gering. Die Grenzfrequenz beträgt etwa 2,5 MHz. Vorteilhafte Eigenschaften dieser Grundschaltung sind:
- einfacher, schwingsicherer Aufbau;
- Überlastungsschutz für den Eingang einfach realisierbar (VD1, VD2);
- niedriger Ausgangswiderstand (wichtig, da der Eingangswiderstand der folgenden Stufe gering ist);
- Arbeitspunkt relativ wenig abhängig vom Stromverstärkungsfaktor des Transistors;
- Verstärkung (mit R_1) ohne Arbeitspunktbeeinflussung einstellbar.

Die folgende Stufe mit VT2 und VT3 ist in Kaskodeschaltung

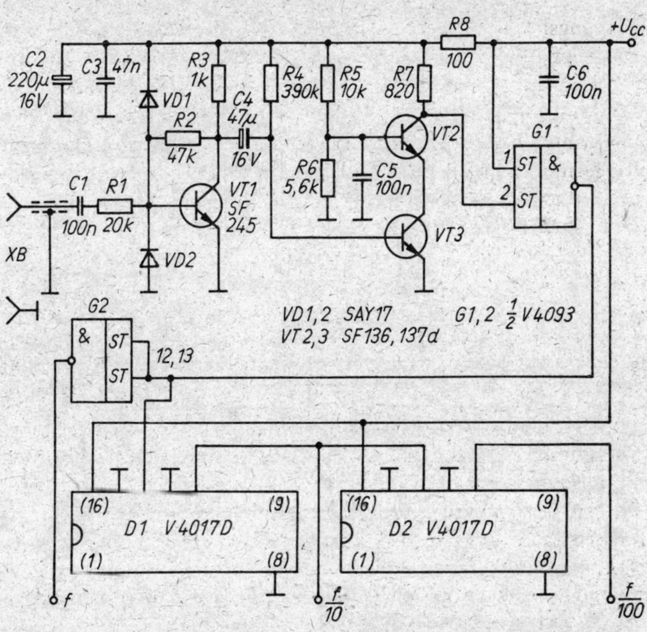

Bild 7.3 Schaltung des Vorverstärkers und des Teilers 1:10:100 (Leiterplatte 1)

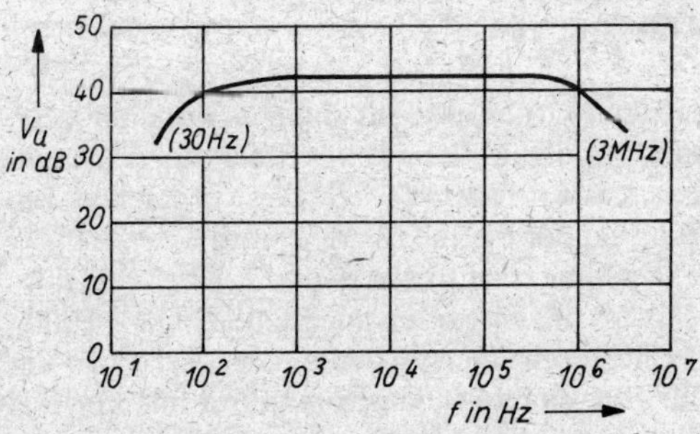

Bild 7.4 Frequenzgang des Vorverstärkers

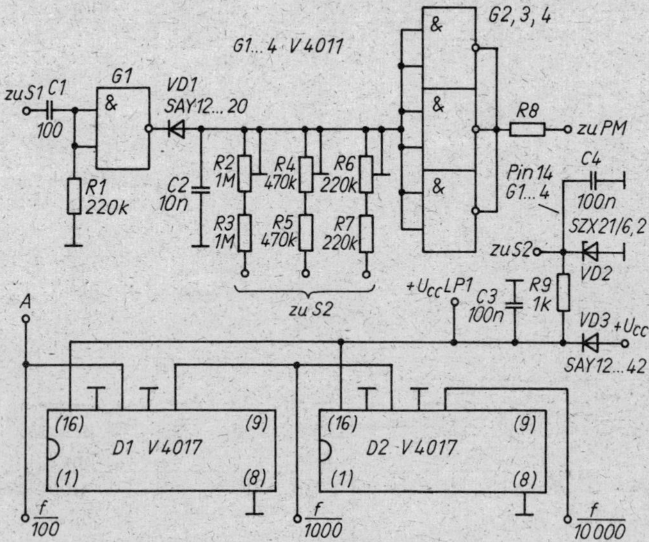

Bild 7.5 Schaltung des Teilers 100:1000:10 000 und des Monoflops (Leiterplatte 2), R_8 s. Text

(siehe [6] und [7]) ausgeführt, um eine hohe Grenzfrequenz zu erzielen. Den Arbeitspunkt bestimmt R_4 (etwa 7V Kollektorspannung für VT2). Mit einem *SF 245* für VT3 schwingt die Schaltung.

Den Amplitudenfrequenzgang der gesamten Anordnung zeigt Bild 7.4. Die Impulsformung nimmt ein Gatter eines *Schmitt*-Trigger-Schaltkreises vor. G2 wurde lediglich vorgesehen, um die Leitungsführung auf der Platine zu erleichtern.

Bild 7.5 zeigt die Schaltung für die Leiterplatte 2. Über das Differenzierglied C_1 R_1 wird das Monoflop angesteuert. Die 3 Haltezeiten sind mit Schichtdrehwiderständen einstellbar. R_8 ist der Vorwiderstand für PM, einen Einbaustrommesser mit 50μA ... 2mA Endausschlag. Er wird so dimensioniert, daß sich bei $\approx$ 5V Vollausschlag ergibt.

VD3 ist die Verpolungsschutzdiode. Die für das Monoflop erforderliche, stabilisierte Betriebsspannung liefert VD2.

7.4. Aufbau

Die Bilder 7.6 ... 7.9 zeigen Leiterplattenvorschläge. Für C_1 ist möglichst ein Polystyrolkondensator zu verwenden, da sein TK die Meßtoleranz bestimmt. S1 und S2 sind völlig unproblematisch (Tasten- oder Drehschalter). Die Leiterplatte 1 erhält ihre Betriebsspannung von der Leiterplatte 2 nach der Schutzdiode. U_{CC} für S2 (siehe Bild 7.1) ist die Z-Spannung. Bei versuchsweiser Inbetriebnahme nur der Leiterplatte 2 ist zu beachten, daß der Eingang von D1 offen ist.
Eine Betriebsspannung von mindestens 12V ist für die Schaltung erforderlich, da der *V 4017 D* 5MHz Takteingangsfrequenz nur dann erreicht. Der Stromverbrauch des Geräts ist mit ungefähr 20mA gering. Es ist dem am Nachbau interessierten Amateur selbst überlassen, ob er ein Netzteil, Batterien bzw. Akkus oder eine externe Versorgung über ein vorhandenes Stromversorgungsgerät vorsieht. Bei Einsatz eines eisenlosen Gleichspannungswandlers könnte auch mit niedriger U_{CC} gearbeitet werden.
Das fertiggestellte Mustergerät zeigen die Bilder 7.10 und 7.11. Es wurde ein Netzteil nach Bild 7.12 verwendet. Beim älteren Trafotyp (*KT 07*) ist mit 12V, beim neueren *KT 08* mit 16V Leerlaufausgangsspannung zu rechnen. Die Z-Diode wurde vor allem vorgesehen, um in Extremfällen eventuell auftretenden Spannungen über 18V zu begegnen.
Die Schaltung wurde mit Sinusspannungen von 30Hz ... 3MHz getestet. Bei mittleren Frequenzen lag die Empfindlichkeit bei U_{eff} = 15mV. Die Empfindlichkeit ist aber abhängig vom Arbeitspunkt des Vorverstärkers und kann daher mit R_4 beeinflußt werden. Soll die Schaltung auf maximale Empfindlichkeit «getrimmt» werden, kann man einen Schichtdrehwiderstand einsetzen (entsprechende Leiterplattenänderung möglich). Das Gerät funktionierte bis zur höchsten Generatorspannung von U_{eff} = 3V im angegebenen Frequenzbereich einwandfrei.

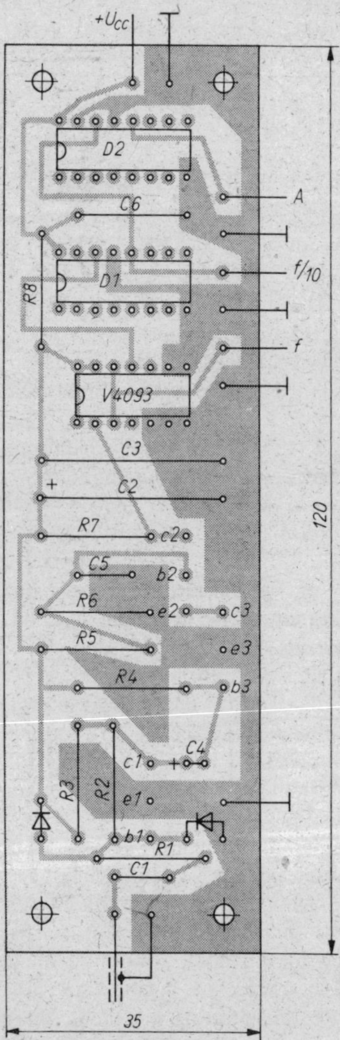

Bild 7.6
Bestückungsplan Leiterplatte 1

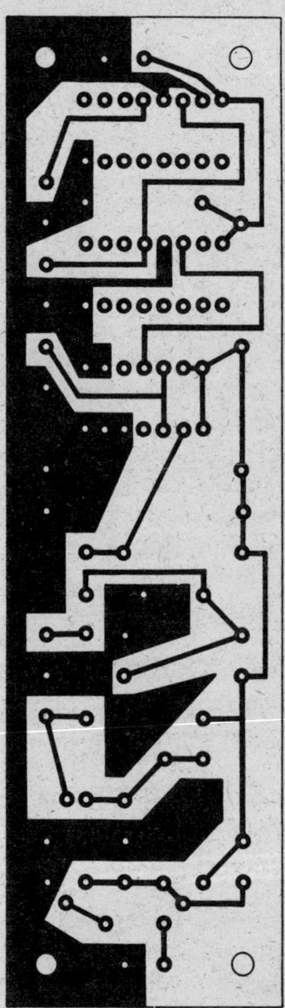

Bild 7.7
Leitungsführung Leiterplatte 1

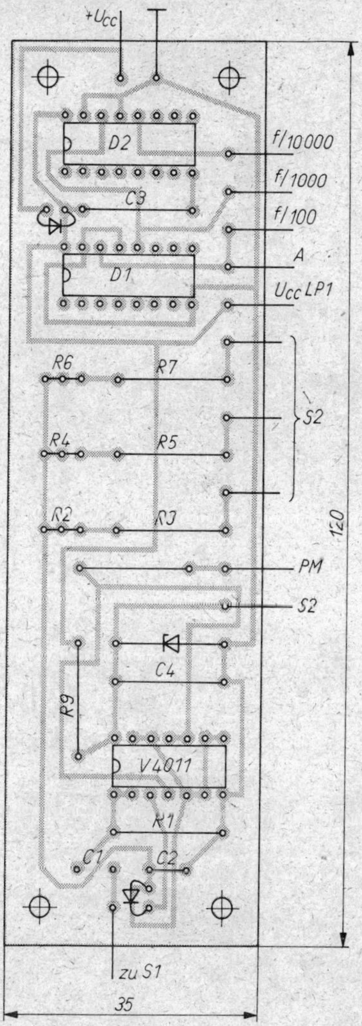

Bild 7.8
Bestückungsplan Leiterplatte 2

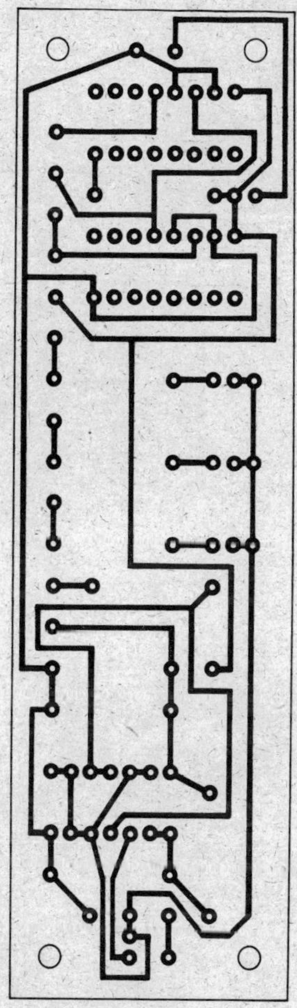

Bild 7.9
Leitungsführung Leiterplatte 2

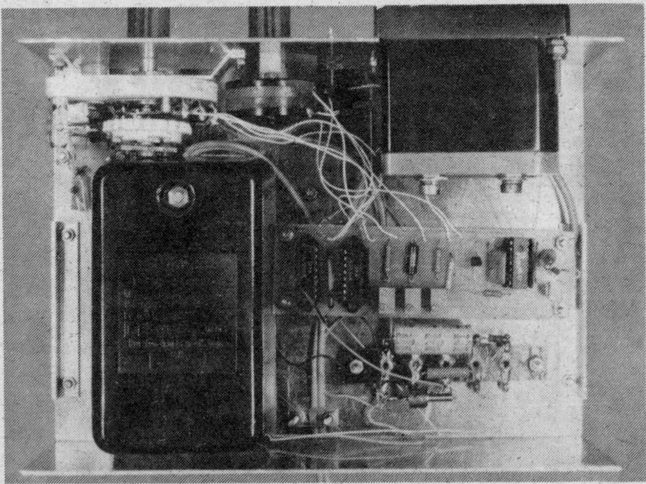

Bild 7.10 Funktionsmuster

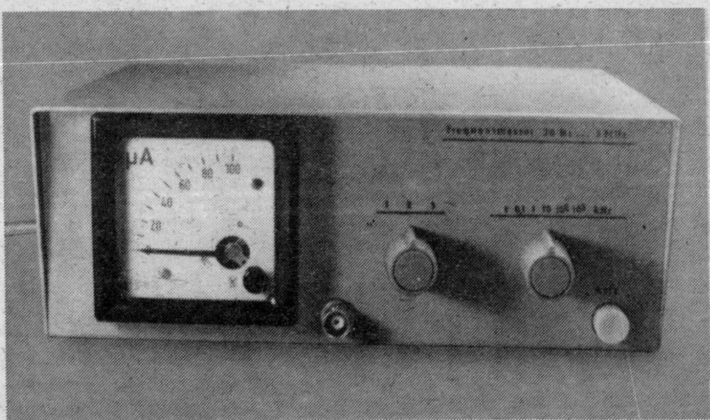

Bild 7.11 Außenansicht des Analogfrequenzmessers

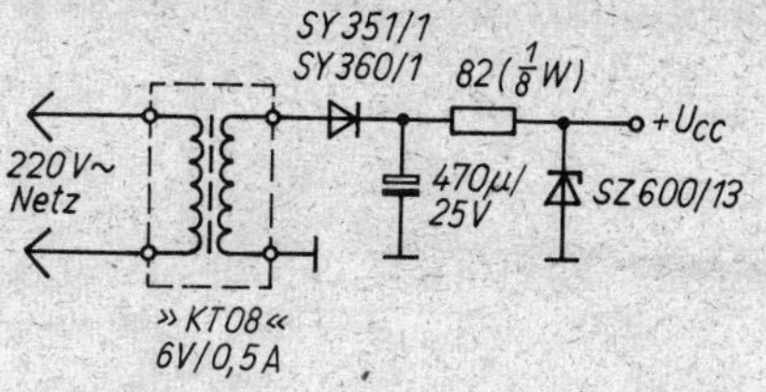

Bild 7.12
Stromversorgung für den Frequenzmesser

Weiterhin wurde mit Rechtecksignalen bei Spitze-Spitze-Werten zwischen 200 mV und 10 V bis 6 MHz erfolgreich getestet. Über 6 MHz setzte die Funktion aus. Die Schaltung benötigt bei großen Spannungssprüngen des Eingangssignals eine gewisse Einschwingzeit von 1 ... 2 s.

8. Treppenspannungsgenerator

Treppenspannungsgeneratoren können z.B. in der NF-Technik zur Überprüfung des Übertragungsverhaltens von Verstärkern eingesetzt werden. Weiterhin werden sie zur Darstellung von Kennlinien mit Oszilloskopen benötigt.

Mit dem *V 4017 D* läßt sich solch eine Schaltung (Bild 8.1) sehr einfach aufbauen. Der Zähler wird von einem Generator angesteuert, dessen Frequenz mit R_3 zwischen etwa 50 Hz und 30 kHz einstellbar ist. Für R_3 erweist sich eine negativ-logarithmische Kennlinie als günstig. Die Widerstände an den Zählerausgängen sind so gewählt, daß sich eine gleichmäßig ansteigende Treppenspannung ergibt. Mit R_{13} läßt sich die Amplitude einstellen. Ein Booster mit Germanium-Transistoren sichert die nötige Rückwirkungsfreiheit. Der Ausgang ist kapazitiv.

Die Schaltung arbeitet in einem weiten Betriebsspannungsbereich (U_{CC} = 4 ... 15 V). Der Stromverbrauch ist gering. Beim Versuchsaufbau wurde festgestellt, daß Lastwiderstände $< 300\,\Omega$ Einfluß auf den Treppenspannungsanstieg haben (wird nichtlinear).

Die Bilder 8.2 und 8.3 zeigen eine geeignete Leiterplatte.

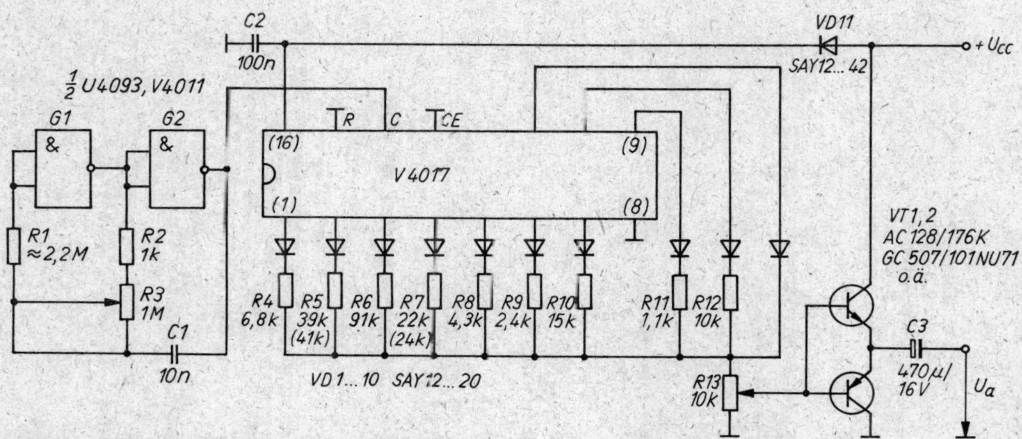

Bild 8.1 Schaltung des Treppenspannungsgenerators

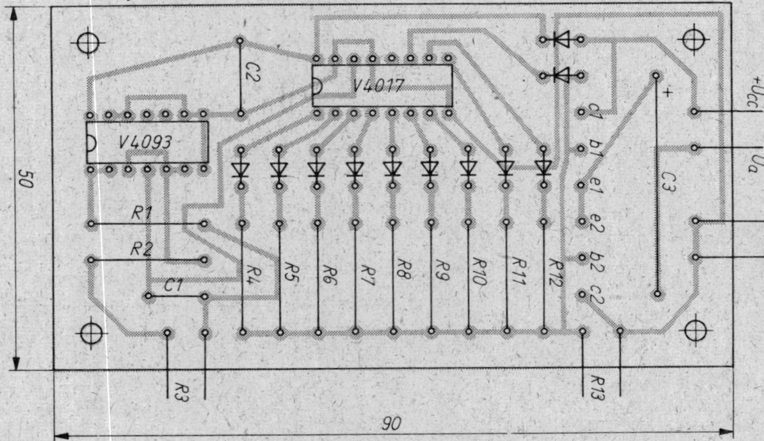

Bild 8.2 Bestückungsplan einer Leiterplatte für den Generator

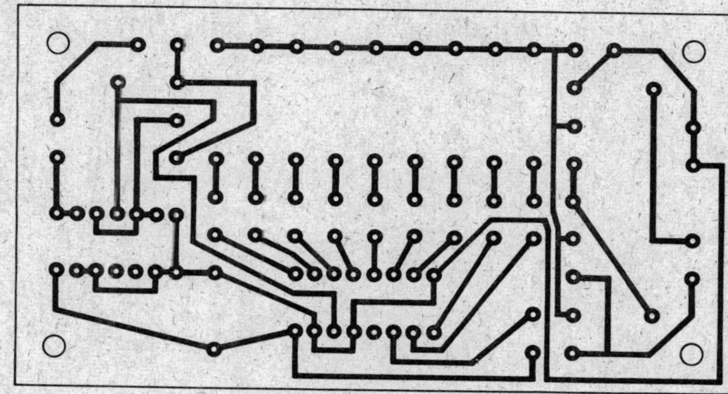

Bild 8.3 Leitungsführung für Bild 8.2

9. Gleichspannungsmeßvorsatz mit automatischer Bereichswahl

Gleichspannungen sind in der Labor- und Reparaturpraxis am häufigsten zu messen. Im folgenden wird ein hochohmiger Gleichspannungsadapter beschrieben, der die Meßbereiche 1 V, 10 V und 100 V in Abhängigkeit von der Eingangsspannung automatisch wählt. Die Umschaltung erfolgt elektronisch mit 2 CMOS-Transmissionsgattern. Diese Schaltung ist speziell als Vorsatz für den *C 520* (Bausatz) ausgelegt, kann aber auch ein analoges Meßgerät ansteuern.

9.1. Schaltung

Bild 9.1 zeigt den Stromlaufplan. Die Meßspannung gelangt auf den invertierenden OPV A1, dessen Ausgangsspannung etwa $-0{,}1\,U_E$ beträgt. Ein weiterer invertierender OPV kann mit etwa $-0{,}1$, -1 oder -10 verstärken. Den Verstärkungsfaktor bestimmen die Komparatoren A3 und A4, die die Ausgangsspannung von A1 auswerten und die Gegenkopplungswiderstände von A2 so schalten, daß die Meßspannung immer optimal verarbeitet wird.

Der Schalter A5 wird bei negativer Ausgangsspannung von A3 (Bereich 10 V/100 V) und Schalter A6 bei positiver Ausgangsspannung von A4 eingeschaltet (Bereich 100 V, alle Gegenkopplungswiderstände wirksam).

VD3 … VD6 sind nur erforderlich, wenn Ersatztypen zum Einsatz kommen. Der *V 4007 D* ist intern bereits umfassend geschützt. Die Anzeige des gewählten Meßbereichs erfolgt über die Dezimalpunkte in der 7-Segmentanzeige, wobei im kleinsten Bereich noch eine Null als 1. Ziffer ausgegeben wird (Bild 9.2). Das Meßergebnis wird daher stets in Volt angezeigt. Zur Ansteuerung der Dezimalpunkte dienen VT2 … VT4. Eine den Komparatorausgängen nachgeschaltete Logikschaltung (VD7,

VD8, R_{27}, VT1) sorgt dafür, daß im 1-V-Bereich VT2, im 10-V-Bereich VT3 und im 100-V-Bereich VT4 durchgesteuert werden. Einen Leiterplattenvorschlag enthalten die Bilder 9.3 und 9.4. Anschluß 11 von A6 ist hochzubiegen bzw. bei Verwendung einer Fassung die entsprechende Kontaktfeder zu entfernen. In Bild 9.5 wird eine zweckmäßige Spannungsversorgung für das automatische Voltmeter dargestellt. Der Anschluß der 7-Segmentanzeigen kann an +5 V oder +16 V (Rohspannung) erfolgen. Entsprechend sind die Vorwiderstände zu dimensionieren (5 V ≈ 470 Ω, 16 V ≈ 2 kΩ).

Der Eingangswiderstand des Meßgeräts beträgt in allen Bereichen 1 MΩ (= R_1). Werden R_2 und R_3 proportional verändert, kann man R_1 praktisch bis 10 MΩ erhöhen. Die Schaltung «fängt» dann aber (kapazitiv) höhere Brummspannungen; der *C 520* hat bekanntlich keine Brummspannungsunterdrückung. Deshalb wurden in der Schaltung in Form von Tiefpässen alle möglichen Maßnahmen ergriffen, um die Brummspannung am Eingang des *C 520* minimal zu halten. Diese Tiefpässe spürt man beim Messen: Die Ausgangsspannung des Meßvorsatzes kann sich nicht sehr schnell ändern; die Anzeige benötigt kurze Zeit, um «auszurollen». Bei guter Schirmung (der Eingangsleitung und eventuell der gesamten Leiterplatte) kann man die Kapazitäten etwas verringern. Bei einem Eingangswiderstand von 10 MΩ müssen jedoch schaltungstechnisch und konstruktiv alle möglichen Maßnahmen angewendet werden, die die Brummspannung gering halten und somit eine ruhige Anzeige bei offenem Eingang des Meßgeräts gewährleisten. Hinweise dazu findet der Leser in [8] und [9].

9.2. Abgleich

Es sind eine einstellbare Spannungsquelle mit mindestens 24 V und ein Digitalvoltmeter erforderlich. Alle Schichtdrehwiderstände befinden sich zunächst in Mittelstellung.

Nach etwa 15 min Einlaufzeit sind folgende Abgleichschritte durchzuführen:

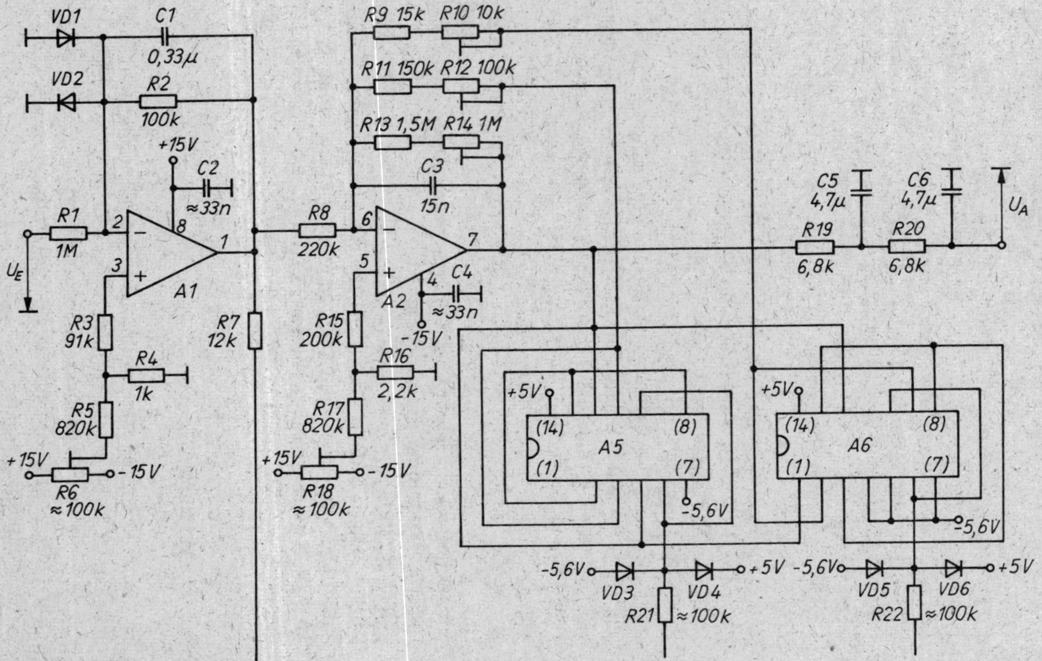
VD1
C1
0,33μ
VD2
R2
100k
+15V
C2
≈33n
R1
1M
2
8
1
3
U_E
A1
R3
91k
R4
1k
R5
820k
+15V
R6
≈100k
-15V
R7
12k
R9 15k
R10 10k
R11 150k
R12 100k
R13 1,5M
R14 1M
C3
15n
R8
220k
6
5
7
4
A2
C4
≈33n
-15V
R15
200k
R16
2,2k
R17
820k
+15V
R18
≈100k
-15V
C5
4,7μ
C6
4,7μ
R19
6,8k
R20
6,8k
U_A
+5V
(14)
(1)
A5
(8)
(7)
-5,6V
+5V
(14)
(1)
A6
(8)
(7)
-5,6V
-5,6V
VD3
VD4
+5V
R21
≈100k
-5,6V
VD5
VD6
+5V
R22
≈100k

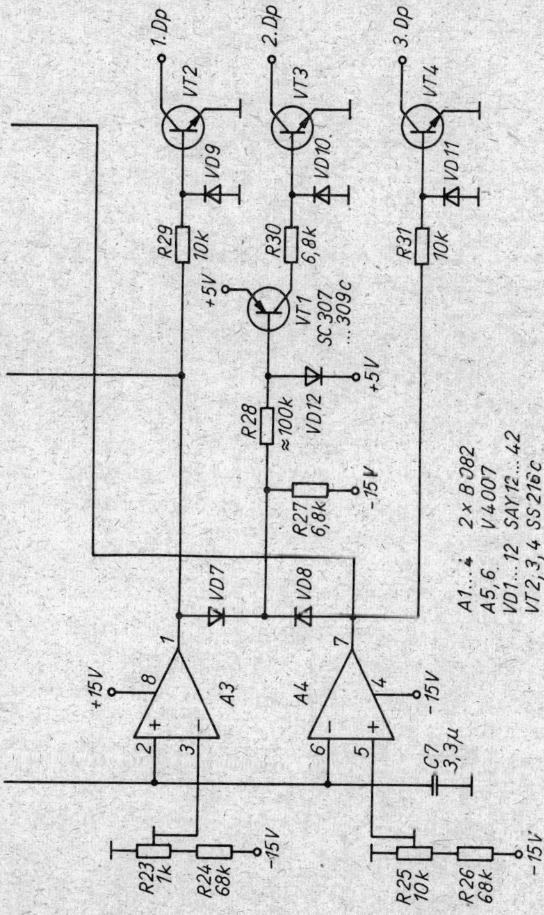

Bild 9.1 Schaltung des Meßvorsatzes mit elektronischer Bereichsumschaltung

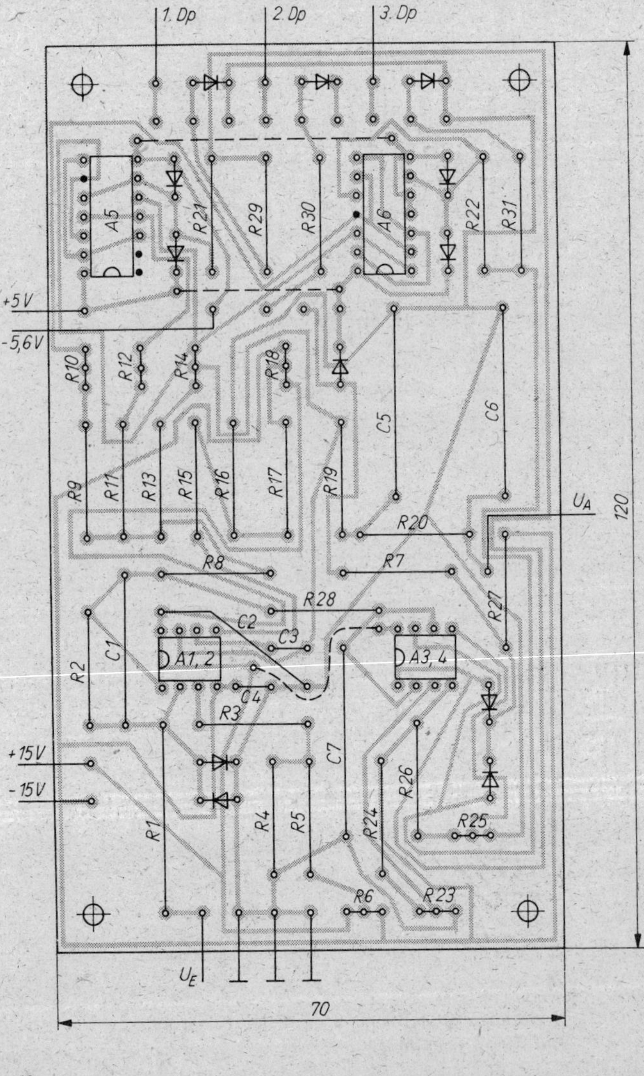

Bild 9.3 Bestückungsplan für den Meßvorsatz

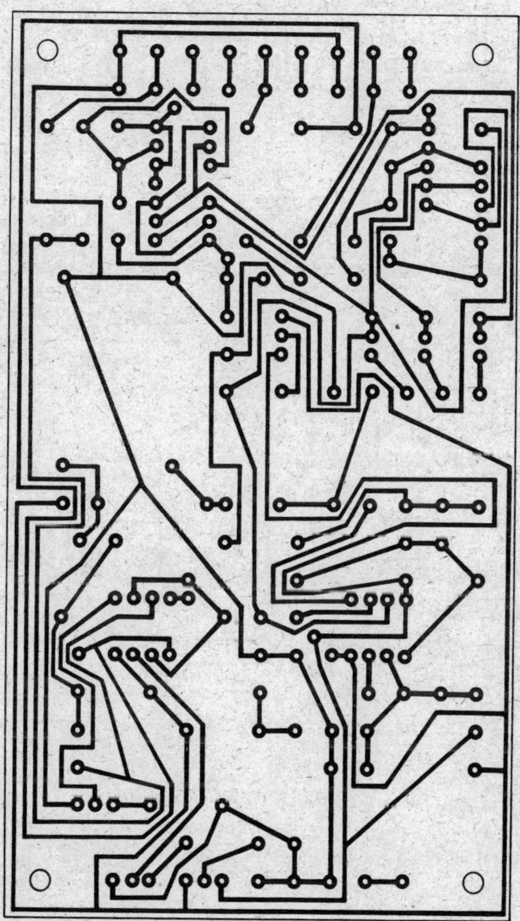

Bild 9.4 Leitungsführung zu Bild 9.3

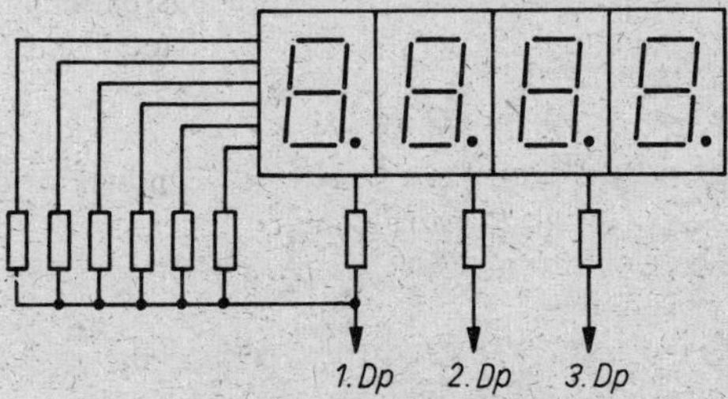

Bild 9.2 Beschaltung der 7-Segment-Anzeigen (gemeinsame Anode)

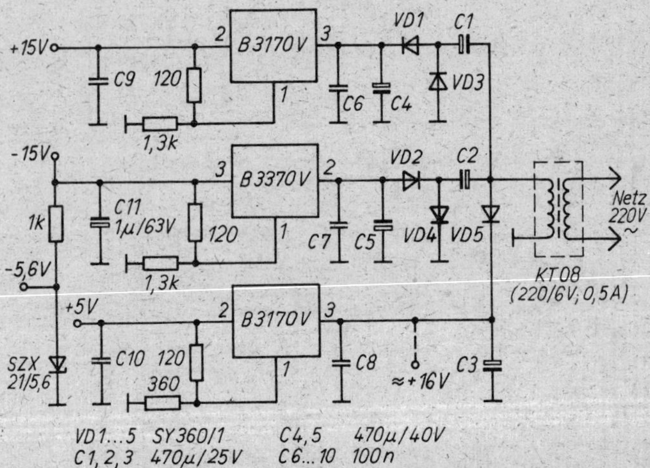

Bild 9.5 Netzteil für das elektronische Voltmeter

1. R_6 so einstellen, daß sich die Anzeige bzw. Ausgangsspannung von A1 bei Kurzschluß und Leerlauf des Meßgeräteeingangs nicht ändert.
2. Mit R_{18} die Anzeige auf 0,000 V einstellen.
3. Bei einer Eingangsspannung von etwa 0,7 V «Endwertabgleich» des 1-V-Bereichs mit R_{14} vornehmen.
4. Bei 999 mV Eingangsspannung Umschalten in den nächsten Bereich mit R_{23} veranlassen.
5. Bei einer Eingangsspannung von etwa 7 V «Endwertabgleich» des 10-V-Bereichs mit R_{12} vornehmen.
6. Bei 9,99 V Eingangsspannung Umschaltpunkt in den nächsten Bereich mit R_{25} einstellen.
7. Bei einer Eingangsspannung von mindestens 24 V «Endwertabgleich» des 100-V-Bereichs mit R_{10}.

10. Programmierbarer Treppenhaustimer

An herkömmlichen Automaten für die Treppenhausbeleuchtung ist nachteilig, daß sie nicht retriggerbar sind. Die Programmierbarkeit unterschiedlicher Zeiten und von Dauerlicht sind weitere (attraktiver erscheinende) Möglichkeiten, den Gebrauchswert der Treppenhausbeleuchtung zu steigern. Mit der Schaltung nach Bild 10.1 kann dies erreicht werden.

Am Punkt «a» erfolgt der Anschluß der parallelliegenden Taster. Nach einmaligem Betätigen eines Tasters nimmt Anschluß 2 des *V 4017 D* H-Potential an, und das Monoflop G3 wird getriggert. Der Ausgang von G8 springt auf H, VT steuert durch, und das Relais zieht an. Nach kurzer Zeit ist C_9 wieder so weit aufgeladen, daß G8 ausgangsseitig L-Potential annimmt. Die LH-Flanke überträgt C_6, so daß der Zähler über G1 einen Rücksetzimpuls erhält (Anschluß 3 geht auf H). Wird ein Taster zweimal oder dreimal betätigt, werden zusätzlich noch G6 bzw. G5 getriggert, und das Rücksetzen erfolgt entsprechend später.

Bei viermaligem Drücken nimmt Anschluß 10 H-Potential an, und das Relais bleibt ständig angezogen. Wird ein Taster danach nochmals betätigt, wird der Zähler über Pin 1 rückgesetzt. Befinden sich die Ausgänge von G7 und G8 dann auf L-Potential, fällt das Relais ab. Somit erfüllt der Treppenhaustimer folgende Funktionen:

Tasterbetätigung 1 × etwa 1 min Licht,
Tasterbetätigung 2 × etwa 2 min Licht,
Tasterbetätigung 3 × etwa 3 min Licht,
Tasterbetätigung 4 × Dauerlicht,
Tasterbetätigung 5 × Dauerlicht aus.

Die gesamte Schaltung kann auf einer kleinen Leiterplatte aufgebaut werden (Bilder 10.2 und 10.3). Der nachträgliche Einbau in vorhandene Anlagen bietet daher kaum Schwierigkeiten.

Es soll nicht verschwiegen werden, daß mit dieser Schaltung keine praktischen Erfahrungen gesammelt wurden. Bei den lan-

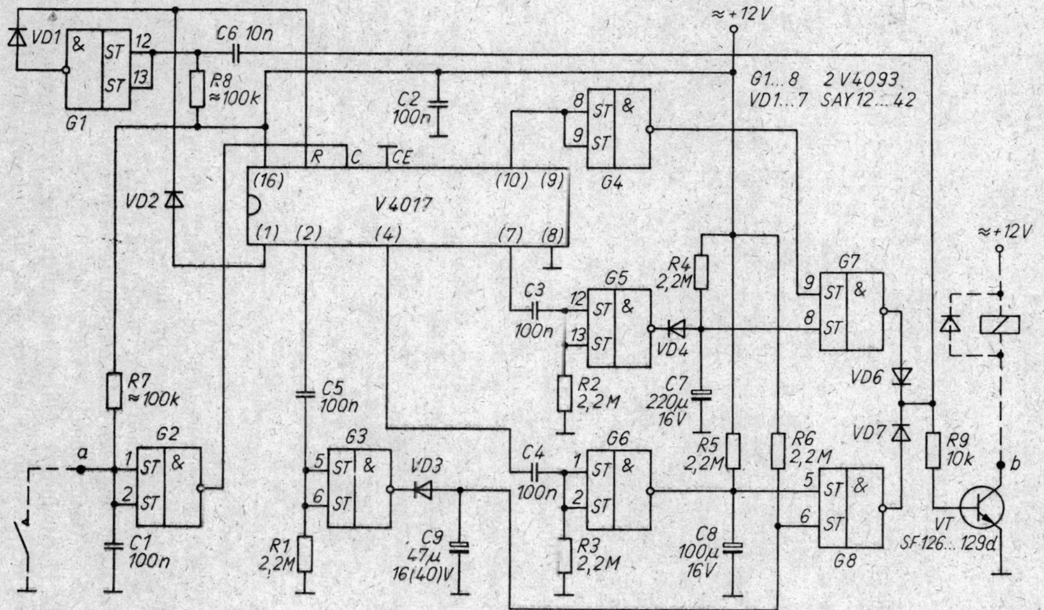

 Bild 10.1 Schaltung des programmierbaren Treppenhaustimers

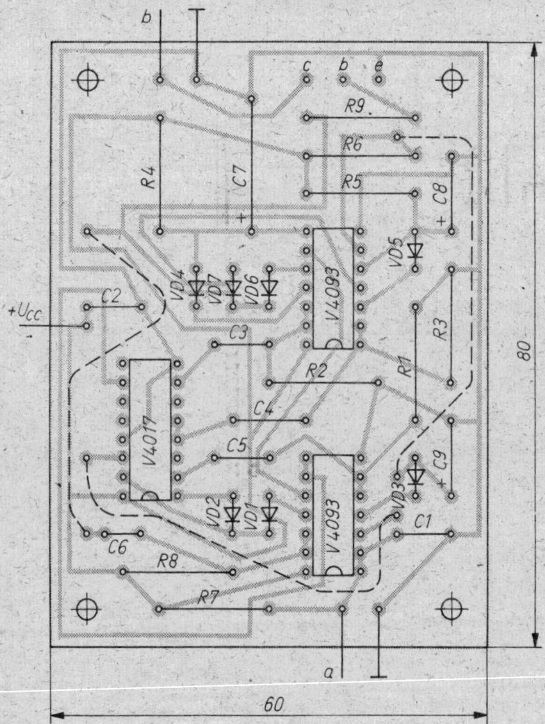

Bild 10.2 Leiterplattenvorschlag für den Treppenhausautomaten

gen Tasterzuleitungen könnte es eventuell zu Fehlauslösungen kommen. Dann ist R_7 zu verringern bzw. C_1 zu vergrößern. Ein weiteres Problem dieser Anwendung wird durch die Leckströme der zeitbestimmenden Elektrolytkondensatoren verursacht. Es sind neue Ausführungen zu verwenden, da diese infolge verbesserter Herstellungsverfahren und kurzer Lagerzeit wesentlich geringere Leckströme aufweisen als ältere Exemplare. Eine

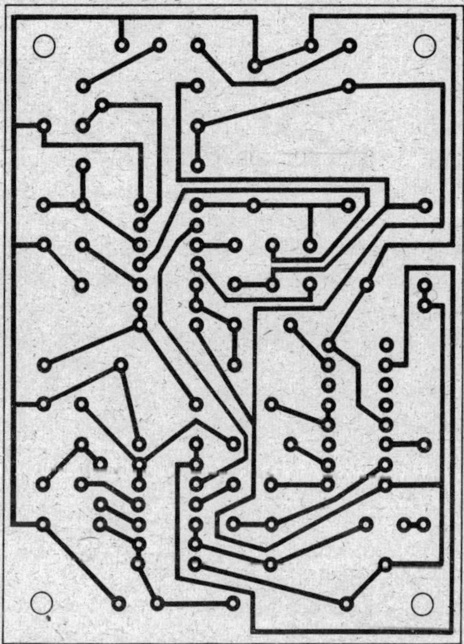

Bild 10.3 Leitungsführung zu Bild 10.2

kleine Untersuchung des Autors zeigte, daß die Werte für Typen in der Größenordnung von C_7 ... C_9 (bezüglich Kapazität und Nennspannung) deutlich unter 10μA liegen. Es ist günstig, daß die Kondensatoren praktisch ständig an Spannung liegen (Formierung). Trotzdem kann es zu größeren Abweichungen vom errechneten Wert der Haltezeit kommen; R_4 ... R_6 sind dann zu korrigieren (meist Verkleinerung).

11. CMOS-Melodiegenerator

Der Melodiegenerator für 9 Töne nach Bild 11.1 hat einen geringen Aufwand und kann deshalb sehr klein aufgebaut werden. Dies und der Vorteil eines Ruhestroms von maximal 1 μA eröffnet der Schaltung ein breites Anwendungsgebiet.
Die Funktionsweise ist leicht zu verstehen. Die Schaltung besteht aus 3 Teilen: Taktgenerator, Zähler sowie Tongenerator. Der Taktgenerator kann mit ST bzw. über G3 gestartet und gestoppt werden. Bei jeder LH-Flanke der Taktgeneratorspannung geht ein Ausgang des *V 4017 D* bis zum Eintreffen der nächsten Flanke auf H-Pegel. Anschluß 11 nimmt zuletzt H-Potential an. Dieser Impuls wird zum Stoppen des Taktgenerators benutzt. Gestartet werden kann der Ablauf nur durch kurzes Betätigen von ST. Die Spannung an den Zählerausgängen setzt den nach [10] aufgebauten Tongenerator in Betrieb. Jedem Ausgang kann mit $R_4 \dots R_{12}$ eine bestimmte Frequenz zugeordnet werden. Der *A 910* bestimmt den Betriebsspannungsbereich. U_{CC} darf zwischen 3 V und 5,6 V liegen. Bei 3 V war beim Muster die Frequenz zwischen 100 Hz und 700 Hz einstellbar, ein völlig ausreichender Frequenzvariationsbereich. Betriebsspannung und Lautsprecherimpedanz haben praktisch keinen Einfluß auf die Frequenz. Die Bilder 11.2 und 11.3 zeigen eine günstige Leiterplatte. Dieser Minibaustein kann auch nachträglich in vorhandene Geräte eingebaut werden. Beim Betrieb ist zu beachten, daß der Ausgangsstrom maximal 200 mA betragen darf. Es ist also meist ein Vorwiderstand erforderlich, der direkt an BL angelötet wird. Bei U_{CC} = 3 V kann aber ein 16-Ω-Lautsprecher auch direkt angeschlossen werden.
Für den *V 4017 D* muß eine Fassung vorgesehen werden, damit man über deren Kontakte (Schaltkreis entfernt) die Töne einstellen kann. Dazu ist an den Tongeneratorausgang ein Zählfrequenzmesser (notfalls ein Analogfrequenzmesser) anzuschließen. Dann werden die einzelnen Steckkontakte gemäß Bild 11.2

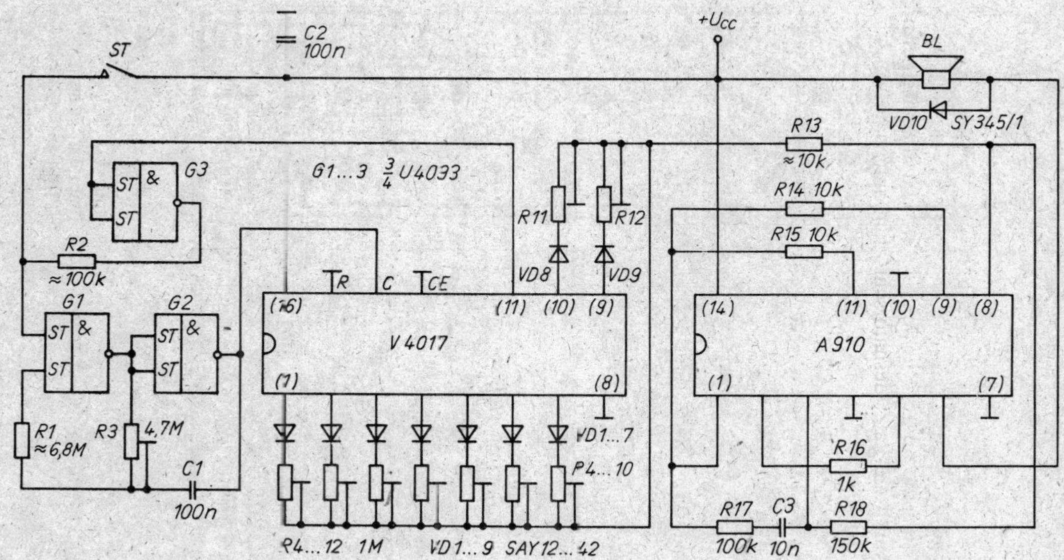

Bild 11.1 Schaltplan des ruhestromlosen Melodiegenerators

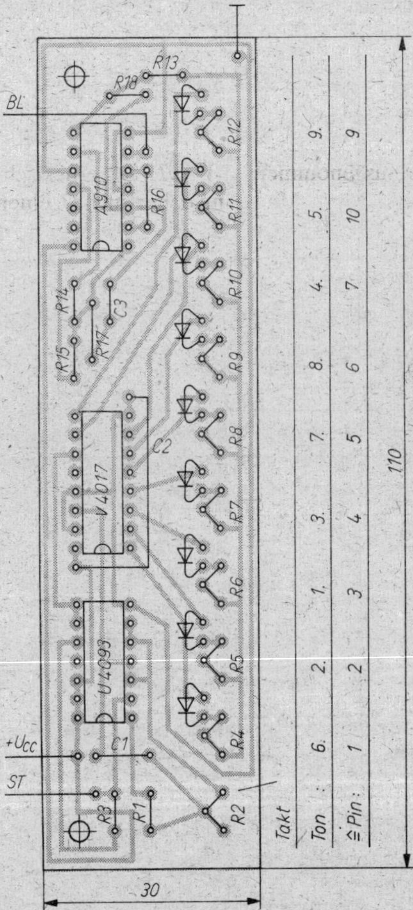

Bild 11.2
Bestückungsplan für den Melodiengeber

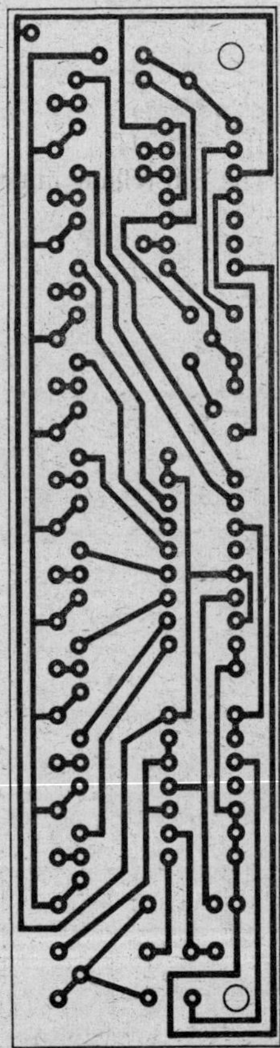

Bild 11.3
Leitungsführung
zu Bild 11.2

mit U_{CC}-Potential angetastet, und es wird die gewünschte Frequenz eingestellt. Die Frequenzen der Oktave c^1 ... c^2 sind:

c^1	261,6 Hz	g^1	391,9 Hz
d^1	293,6 Hz	a^1	440 Hz
e^1	329,6 Hz	h^1	493,9 Hz
f^1	349,2 Hz	c^2	523,2 Hz

Die Einstellung mit herausgenommenem *V 4017 D* berücksichtigt nicht die Diodensperrströme. Man kann daher auch C_1 einen größeren Kondensator parallel schalten, so daß die Frequenzeinstellung bei laufendem Taktgenerator und eingesetztem *V 4017 D* erfolgt. Im genannten Frequenzbereich klingen die Töne sehr tief. Wird nach dem Einstellen z.B. C_3 verkleinert, verschieben sich alle Töne gleichmäßig zu höheren Frequenzen. Soll die Schaltung konsequent mit CMOS-Schaltkreisen ausgeführt werden, bietet sich der *V 4046 D* an. Mit der – im Zusammenwirken mit dem Melodiengeber allerdings nicht erprobten – in Bild 11.4 gezeigten Schaltung wäre die durchgehende Bestükkung mit CMOS-Schaltkreisen möglich. Die Tonhöhe kann mit dem Schichtdrehwiderstand eingestellt werden.

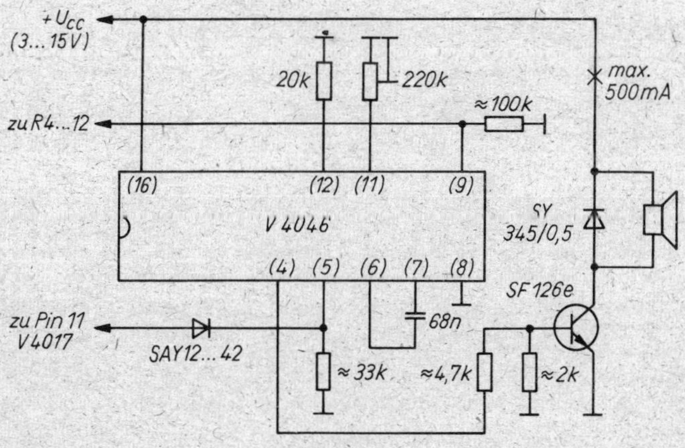

Bild 11.4 Aufbau des VCO mit CMOS-Schaltkreis

Da dieser zeitgemäße Melodiegenerator einige Vorteile bietet, ergeben sich vielfältige Einsatzmöglichkeiten:

- Türklingelersatz
  Durch Zweiweggleichrichtung und einen großen Ladekondensator ist die Brummspannung gering zu halten, da sie sich infolge des Schalterbetriebs direkt dem Ausgangssignal überlagert.
- Spieldose oder Sparbüchse
  Nach dem Einwerfen einer Münze erklingt eine Melodie.
- Wecksignal
  Bei den *Ruhlaer* Quarzweckern wird der Summer durch einen elektrischen Kontakt eingeschaltet, der auch zum Starten des Melodiengebers genutzt werden kann.
- Kurzzeitwecker
  Kopplung mit einem (ruhestromlosen) CMOS-Zeitschalter.
- Ergänzung einer (elektronischen) Uhr.

12. CQ-Rufautomatik

Erfolgt der Telegrafie-CQ-Ruf automatisch, wird dem Funkamateur die Arbeit erleichtert, denn das manuelle CQ-Rufen wirkt auf die Dauer ermüdend, und Schreibarbeit kann unterdessen nicht ausgeführt werden. Kommt die hier beschriebene Automatik zum Einsatz, kann man während des CQ-Rufens z.B. die QSL-Karte für das letzte QSO ausfüllen.

12.1. Wahl des Speicherschaltkreises

Um einen vollständigen CQ-Ruf (wiederholtes CQ und eigenes Rufzeichen) abzuspeichern, werden $2^8 = 256$ bit benötigt. Ferner sollte der Speicherschaltkreis wortorganisiert sein, da dann leicht mehrere «Kanäle» für Mitbenutzer eingerichtet werden können. Grundsätzlich stehen RAM und ROM zur Auswahl, wobei ein RAM bevorzugt wurde. Gegenüber den gegenwärtig zur Verfügung stehenden (EP)ROMs weist er folgende Vorteile auf:

- geringe Stromaufnahme,
- beliebiges Neubeschreiben,
- kein Programmiergerät notwendig und
- leichter und preisgünstiger beschaffbar.

Der einzige Nachteil, das Verlorengehen der Informationen beim Abschalten der Betriebsspannung, kann eliminiert werden, wenn ein (statischer) CMOS-RAM eingesetzt wird. Für den *U 224 D 30/ UL 224 D 30* ist der Aufbau eines einfachen, gepufferten Netzteils kein Problem.
In Bild 12.1 ist dieser statische 1024 × 4-bit-Schreib-Lese-Speicher (sRAM) in CMOS-Silicon-Gate-Technologie dargestellt. Außer dem bereits angegebenen Grundtyp existieren noch die Selektionstypen *US 224 D 20/ VL 224 D 20* und die Anfalltypen *U 224 D 35/ UL 224 D 35*. Der CMOS-RAM *U 224* hat folgende technische Merkmale:

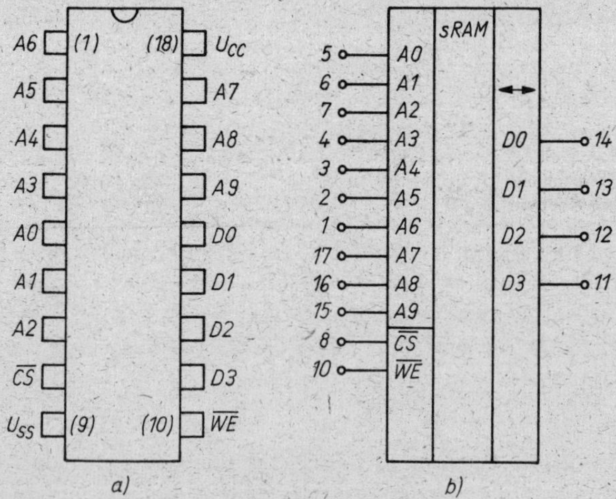

Bild 12.1 sRAM *U 224 D 30*/*UL 224 D 30*;
a – Anschlußbelegung, b – Schaltsymbol

- Speichermatrix mit 64 Zeilen und 64 Spalten,
- Adresseneingangsschaltung für 10 Adreßleitungen,
- Spaltendecoder mit 4 Schreib-/Leseverstärkern,
- Zeilendekoder,
- Taktsteuerung,
- 4 bidirektionale Datenein- und -ausgänge,
- Tristate-Ausgänge,
- durch Betriebsspannungsabsenkung Schlafzustand möglich.

In den Tabellen 12.1., 12.2. und 12.3. sind alle technischen Parameter zusammengestellt.

Tabelle 12.1. Grenzwerte der CMOS-RAM *U 224 D*

	Mindestwert	Maximalwert
Betriebsspannung	−0,5V	7V
Eingangsspannung	−0,5V	7V
Verlustleistung		500mW
Betriebstemperatur	0°C	70°C

Tabelle 12.2. Betriebsbedingungen CMOS-RAM *U 224 D*

	Mindestwert	Typischer Wert	Maximalwert
Betriebsspannung	4,75 V	5 V	5,25 V
Schlafspannung	2 V		
Eingangs-L-Spannung	−0,3 V		0,8 V
Eingangs-H-Spannung	$U_{CC} - 2$ V		$U_{CC} + 0{,}3$ V
Umgebungstemperatur	0 °C	25 °C	70 °C

Tabelle 12.3. Kennwerte der CMOS-RAM *U 224 D*

	Maximaler Ruhestrom in μA
UL 224 D 35	500
UL 224 D 30	
VL 224 D 20	50
US 224 D 20	5
	Maximale Stromaufnahme in mA
–	6
	Maximaler Schlafstrom in μA
UL 224 D 35	30
UL 224 D 30	
VL 224 D 20	3
US 224 D 20	

Diese Werte gelten nur unter bestimmten Bedingungen, über die man sich in Katalogen oder Datenblättern informieren kann. So ist z. B. die Angabe des Schlafstroms an die Bedingung $\overline{CS} = U_{CC}$ geknüpft [11], die in der vorliegenden Anwendung jedoch nicht eingehalten wird.

Beim *U 224* ist die getaktete Arbeitsweise über $\overline{CS}$ zu beachten. $\overline{CS}$ kann also nicht ständig an L-Potential liegen. Beim Schreiben und Lesen wird die gewünschte Speicheradresse erst mit einer HL-Flanke an $\overline{CS}$ angesprochen. In Bild 12.2 wird der Schreib- und Lesevorgang mit Bezug auf den vorliegenden Anwendungsfall dargestellt. Das Schreiben erfolgt manuell. Es liegt zunächst L-Potential an allen Eingängen des Speicherschaltkreises und H-Potential an $\overline{CS}$ (Speicher) bzw. C (Zähler). Das 1. Wort wird

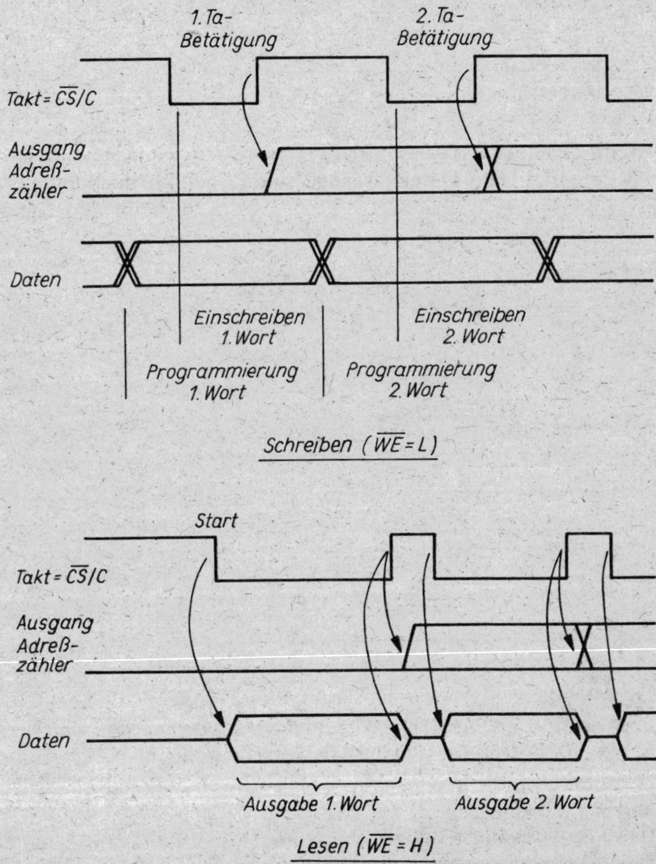

Bild 12.2 Schreib- und Lesezyklus des sRAM in vereinfachter Darstellung

eingestellt. Durch Tastendruck wird ein HLH-Impuls an $\overline{CS}/C$ ausgelöst, mit dessen HL-Flanke die Daten eingeschrieben und mit dessen LH-Flanke die nächste Adresse (0000 0001) eingestellt wird. Danach erfolgt die Programmierung des 2. Wortes usw.
Beim Lesen (mit Taktgenerator) liegt $\overline{CS}$ in Ruhestellung auf H-Potential. Die Datenausgänge sind daher im hochohmigen Zustand. Mit dem Start des Taktgenerators erscheint sofort eine HL-Flanke an C, wobei der Adreßzähler auf die Anfangsadresse verweist. Daher wird für die Dauer des L-Signals an $\overline{CS}$ das 1. Wort ausgegeben. Mit einer LH-Flanke an C wird die nächste Adresse eingestellt und mit der HL-Flanke des kurzen Impulses das entsprechende Wort ausgegeben.

12.2. Schaltung

Der grundsätzliche Aufbau der Automatik ist im Übersichtsschaltplan Bild 12.3 dargestellt. Der Impulsgenerator wird per Sensorkontakt über ein RS-Flip-Flop eingeschaltet. Der binäre Adreßzähler zählt von $2^0 \rightarrow 2^8$ und beginnt danach wieder bei 2^0 (Rundenzähler). Über ein Relais K wird der Sender direkt getastet. Bei Betätigung der Morsetaste fließt Strom durch eine der im Taststromkreis liegenden Dioden. Dadurch nimmt einer der sonst auf niedrigem Potential liegenden Operationsverstärker-Ausgänge hohes Potential an, wodurch das Stoppen des Impulsgenerators und das Rücksetzen des Adreßzählers veranlaßt wird.
Das Beschreiben des RAM erfolgt über die unten angeordneten Schalter, wobei der Schalter zum Erhöhen der Adresse durch ein RS-Flip-Flop entprellt wird.
Die Stromversorgung übernimmt ein kleines Netzteil, das bei Netzausfall automatisch auf einen eingebauten Akkumulator umschaltet.
Bild 12.4 zeigt die Schaltung der gesamten Automatik. Mit R_7 läßt sich die Gebegeschwindigkeit in einem weiten Bereich variieren. A1 und A2 sind in dem Doppeloperationsverstärker *B 083* vereinigt; R_9 und R_{10} sind so einzustellen, daß die Ausgänge

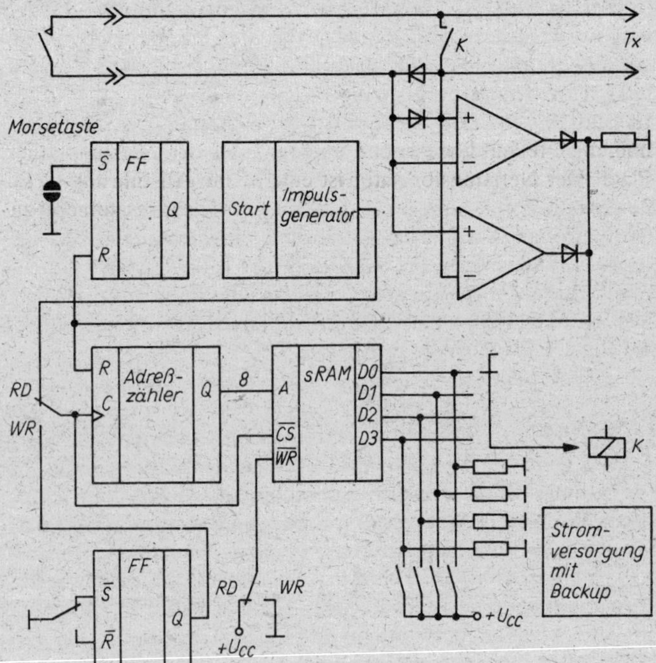

Bild 12.3 Übersichtsschaltbild des Gerätes

sicher auf niedrigem Potential liegen. Die Zähler *V 4029 D* werden jeweils auf 0000 voreingestellt. Ein LHL-Impuls an Anschluß 1 setzt sie auf diesen Wert zurück. Die beiden höchstwertigen Adreßeingänge des Speicherschaltkreises liegen auf L-Potential. Sie können an H-Potential gelegt werden, wenn zusätzlich ein anderer Adreßbereich benutzt werden soll. Beim Einsatz eines 2-Ebenen-Stufenschalters lassen sich z. B. 8 Kanäle vorsehen.

Das Tastrelais wird über VT2 angesteuert. VD8 dient zur Kontrolle beim Beschreiben und leuchtet, wenn das niederwertigste bit der Adresse H-Pegel aufweist. Das einzuschreibende Wort wird mit S3 ... S6 eingestellt und danach durch Betätigung von ST das Einschreiben veranlaßt. S1 ist der Umschalter von «Lesen» auf «Schreiben».

In Bild 12.5 wird die Stromversorgung gezeigt. Das Tastrelais und die Freilaufdiode haben ebenfalls auf der Netzteilplatine Platz. Der Netztransformator ist eine kleine Ausführung (z.B. *M 42*); mit einem Klingeltransformator wird das Gesamtgerät zu groß. Setzt man aber einen externen, entfernt angeordneten Klingeltransformator ein, läßt sich die Automatik sehr klein halten, und man hat mit Störungen die wenigsten Sorgen. Außerdem bleiben die von Netzspannung ausgehenden Gefahren minimal.

U_{CC1} ist die Rohspannung von etwa 13V, die für Tastrelais, Operationsverstärker sowie Kontroll-LED benötigt wird. U_{CC2} beträgt 4,75V ... 5,25V und versorgt alle Digitalschaltkreise.

Über R_2 erhält der Bleiakkumulator einen Erhaltungsladestrom (etwa 40μA). Übersteigt seine Spannung den Wert von ≈ 2,4V, leiten VD5 ... VD9 diesen Strom ab. Muß das Gerät oft längere Zeit ohne Netzspannung auskommen, ist R_2 zu verkleinern. Über VD3 übernimmt der Akkumulator die Spannungsversorgung der Schaltung bei Netzausfall.

12.3. Aufbau und Erfahrungen

Die beiden Schaltungen lassen sich auf gleich großen Leiterplatten aufbauen (Bilder 12.6 ... 12.9).

Diese können mit M-3-Schrauben und Pertinax-Abstandsröllchen übereinander angeordnet werden. So kann man das Gesamtgerät klein halten. Das Muster, das in den Bildern 12.10, 12.11 und 12.12 gezeigt ist, hat die Abmessungen 42mm × 120mm × 132mm. Da an der Klubstation, wo es ständig eingesetzt ist, alle Steckdosen abgeschaltet werden, wurde R_2 wesentlich verringert.

Beim 1. Anschalten der Rufautomatik an einen *Teltow 215* traten einige Störprobleme auf:

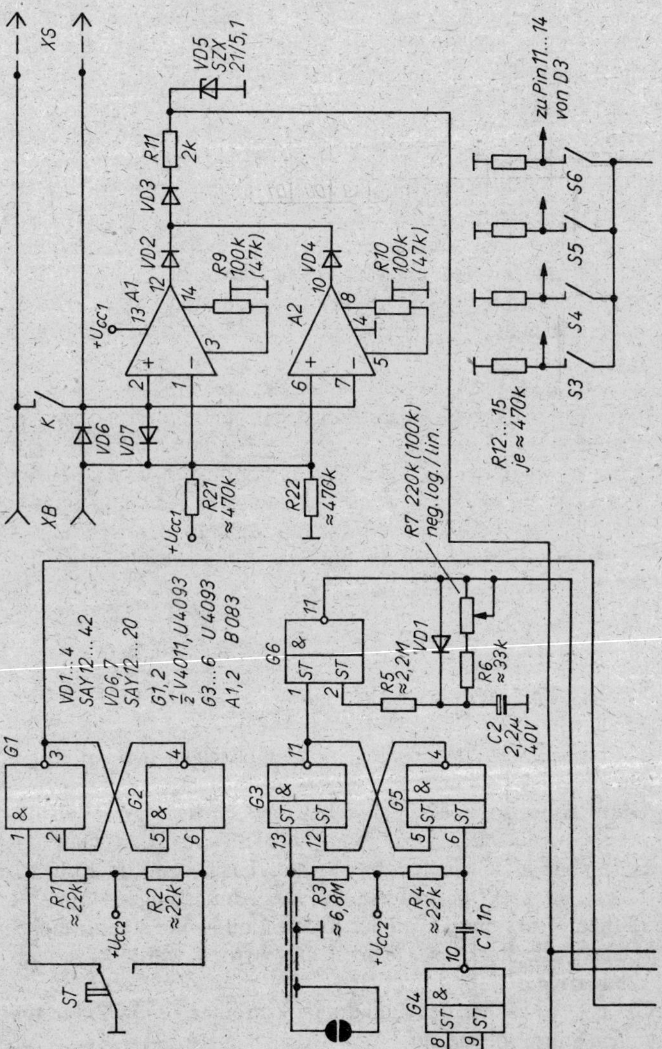
XS
XB
VD5
SZX
21/5,1
R11
2k
VD3
VD2
VD4
R9
100k
(47k)
R10
100k
(47k)
A1
A2
+Ucc1
K
VD6
VD7
R21
≈470k
R22
≈470k
zu Pin 11...14
von D3
S3
S4
S5
S6
R12...15
je ≈470k
R7 220k (100k)
neg. log./lin.
VD1...4
SAY12...42
VD6,7
SAY12...20
G1,2
½ V4011, U4093
G3...6 U4093
A1,2 B083
G1
G2
G3
G4
G5
G6
R1
≈22k
R2
≈22k
+Ucc2
ST
R3
≈6,8M
R4
≈22k
C1 1n
R5
≈2,2M
VD1
R6
≈33k
C2
2,2µ
40V

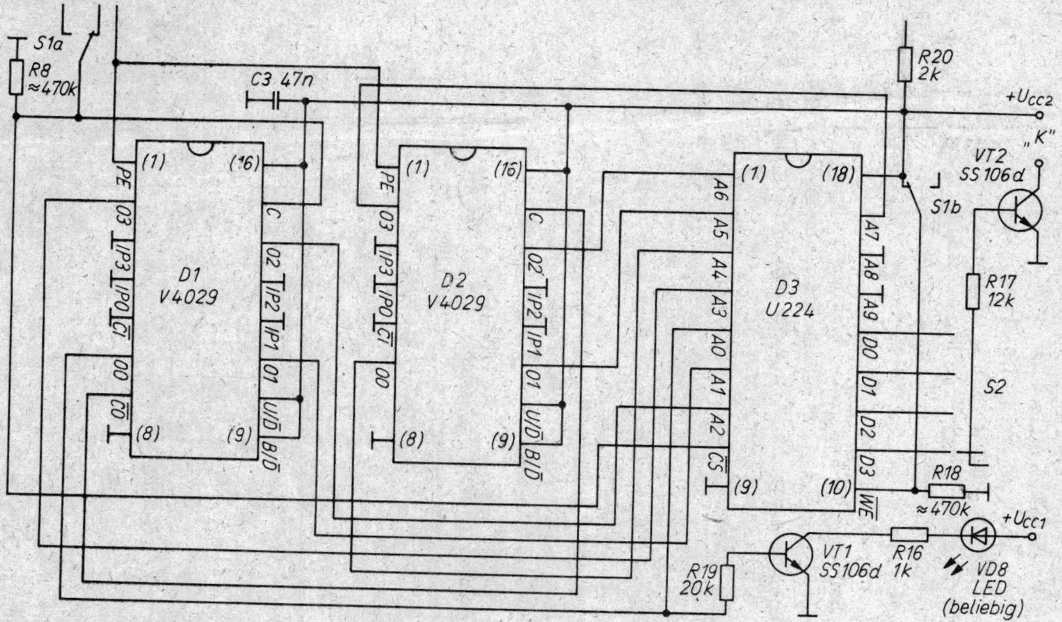

 Bild 12.4 Schaltung der CQ-Rufautomatik

– Impulsgenerator läuft nicht an.
Ursache: Anschluß 2/7 ist für kleine, kapazitiv über die Leitung eingekoppelte Brummspannungen hochohmig, die Komparatoren geben eine 50-Hz-Rechteckspannung ab.
Beseitigung: Widerstand ≈100 Ω parallel zu VD6, VD7; die Dioden dienen dann praktisch nur noch als Überspannungsschutz für die Operationsverstärkereingänge.
– Sporadisches Aussetzen des Impulsgenerators.
Ursache: Ein Angriffspunkt für Störspannungen ist auch die Eingangsleitung für G4, da dort positive Störimpulse nur 2 Dioden in Sperrichtung gegen Masse vorfinden.
Beseitigung: MP-Kondensator 2,2 μF parallel zu VD5.
– Erneuter Anlauf des Impulsgenerators beim Umschalten von «Tx» auf «Rx» mit dem Fußschalter.
Ursache: Störeinkopplung von der Leitung des Fußschalters auf den Sensoreingang.
Beseitigung: Kondensator 220 pF parallel zu den Sensorkontakten, Schirmung kann dann meist entfallen!
– Relaiskontakt schaltet nach einiger Zeit nicht mehr (Kontakte verschweißt).
Ursache: Zu hoher Einschaltstromstoß, verursacht durch die Abblockkondensatoren der getasteten Baugruppen.
Beseitigung: Widerstand 15 Ω in Reihe mit dem Relaiskontakt.

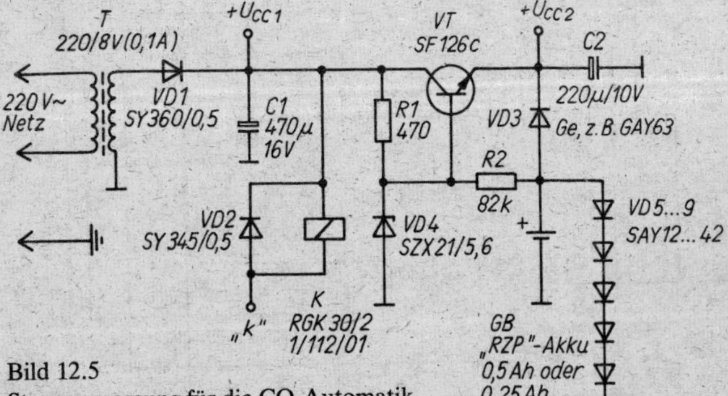

Bild 12.5
Stromversorgung für die CQ-Automatik

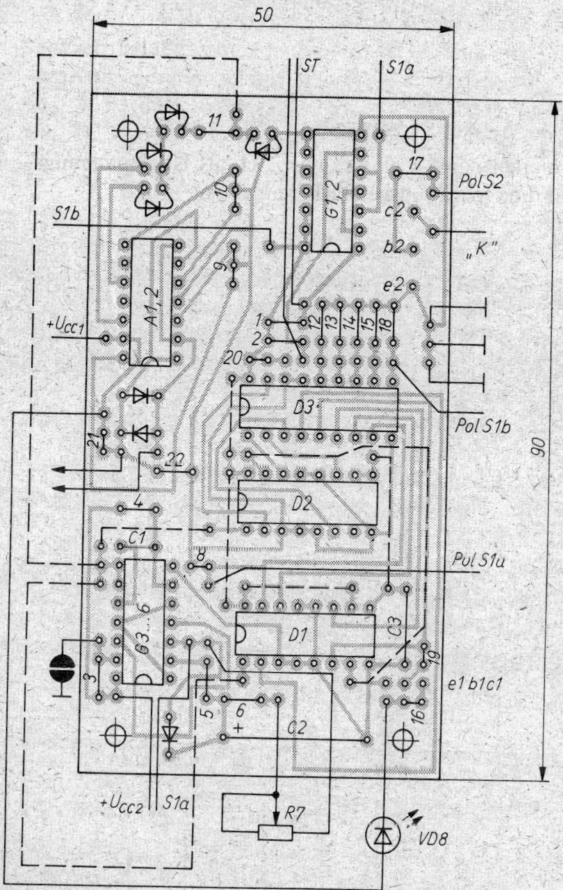

Bild 12.6 Bestückungsplan zu Bild 12.4

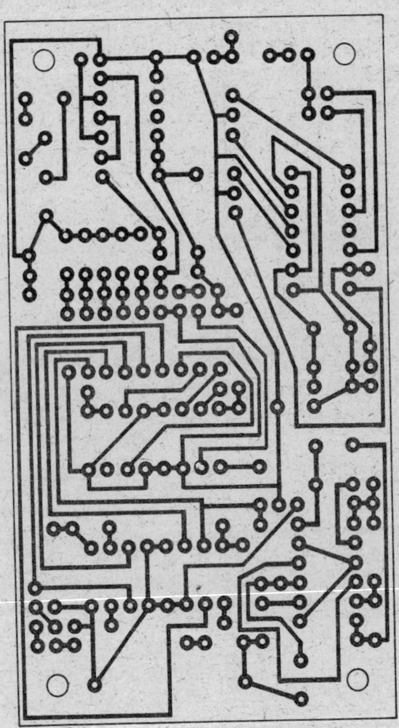

Bild 12.7 Leitungsführung für Bild 12.6

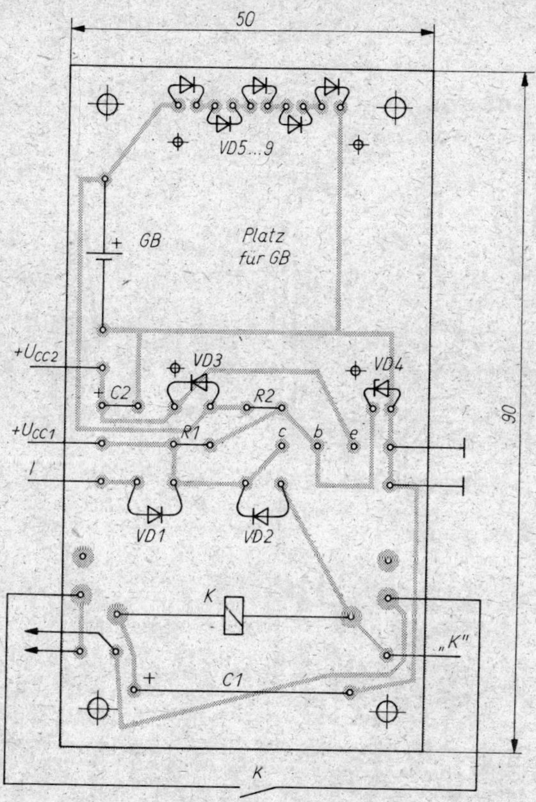

Bild 12.8 Bestückungsplan zu Bild 12.5

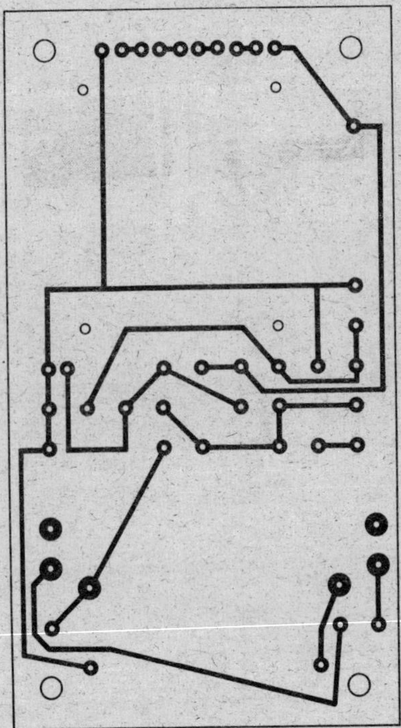

Bild 12.9 Leitungsführung für Bild 12.8

Bild 12.10 Blick in das fertiggestellte Funktionsmuster

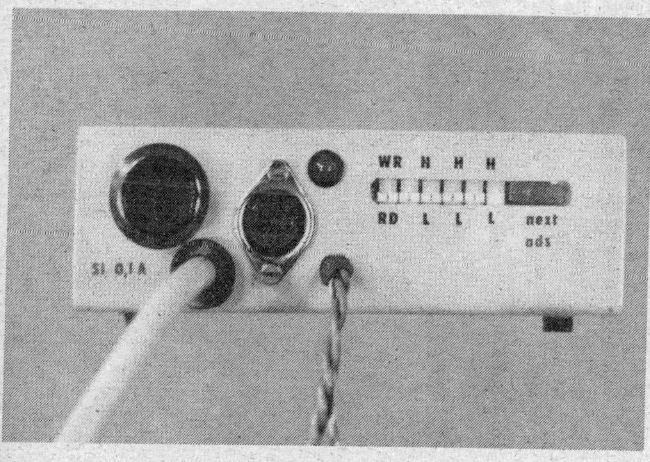

Bild 12.11 Ansicht der Rückseite der CQ-Automatik

Die angeführten Maßnahmen bringen keine Verschlechterung des Betriebsverhaltens und werden für jeden Nachbau empfohlen.
Ferner war festzustellen, daß der Sensoreingang sich mitunter als zu unempfindlich erwies ($R_3 = 8{,}2\,\mathrm{M}\Omega$). Mit der Reihenschaltung eines weiteren 8,2-MΩ-Widerstands konnte dieser Mangel behoben werden. Hautwiderstandsmessungen bestätigten, daß man für R_3 Werte $> 10\,\mathrm{M}\Omega$ anstreben sollte. Zum Beschreiben des RAM wird eine Tabelle benutzt (Bild 12.13). 2 Personen können das Einspeichern am schnellsten vornehmen. Dabei wird von einer Person das einzuschreibende Wort vorgelesen und abgehakt.
An 1. Stelle sollte man ein L programmieren, da die 1. Taktperiode länger ist (siehe Abschnitt 4). Wird nach Beschreiben aller je 256 Speicherplätze auf «Lesen» zurückgeschaltet, kann es bei einem gekoppelten Schalter vorkommen, daß S1a schneller schaltet als S1b. Das kommt einer Adreßerhöhung (auf die Anfangsadresse) und nochmaliger Einspeicherung des letzten Wortes auf diese Adresse gleich. Aus diesem Grund sollte auch das letzte Wort nur L-Signale enthalten.

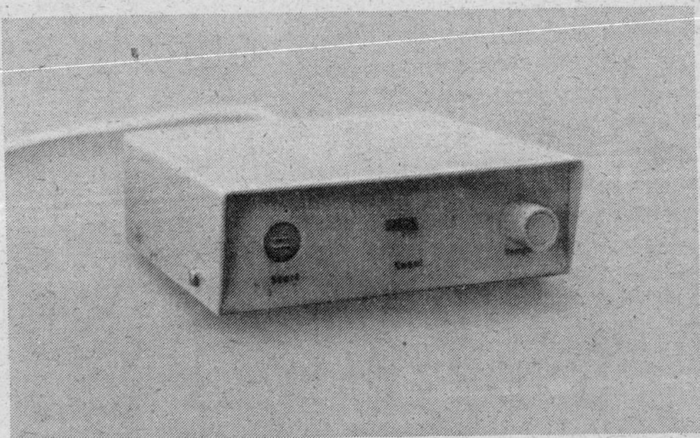

Bild 12.12 Außenansicht des kleinen Telegrafie-Rufautomaten

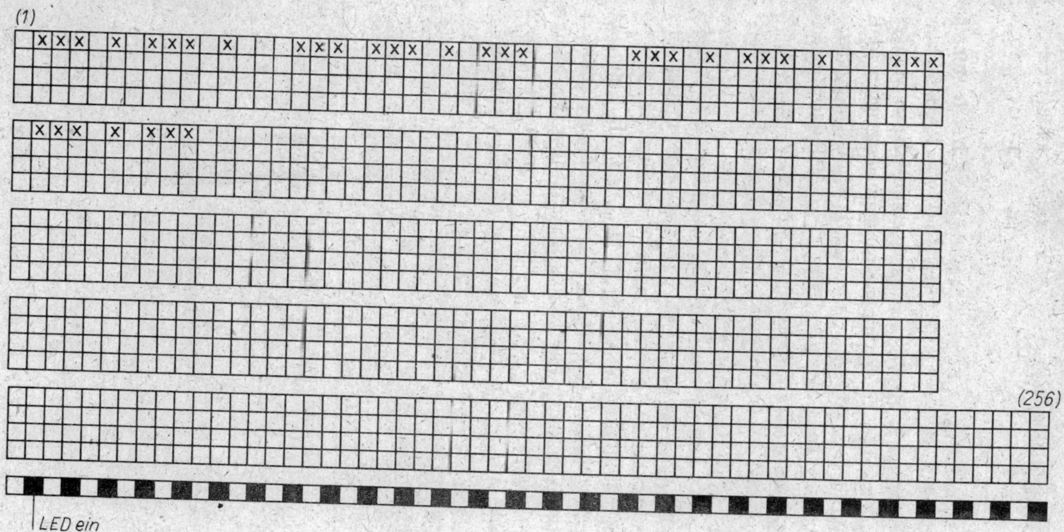

Bild 12.13 Hilfstabelle zum Einspeichern (vorbereitet für 2 × CQ im ersten Kanal)

13. CMOS-Codeschloß

Relativ einfache codierte Schlösser lassen sich mit dem *V 4066 D* aufbauen. Das Prinzip einer solchen Schaltung zeigt Bild 13.1. Am Kollektor von VT steht eine etwas geringere Spannung als $+U_{CC}$. S_a ... S_d sind die Analogschalter. Wird ST1 betätigt, schließen S_a und S_b. Nach Loslassen von ST1 halten diese Schalter sich selbst. Jetzt kann die Kollektorspannung durch Betätigen von ST2 zum Relais durchgeschaltet werden. Mit ST_n ist eine Anzahl parallelgeschalteter Taster symbolisiert, bei deren Betätigung VT kurz sperrt, wodurch die Analogschalter wieder öffnen.
Die entsprechende praktische Schaltung zeigt Bild 13.2. Durch die Dioden wird verhindert, daß die beim Betätigen von ST1 ... ST4 zugeschaltete Spannung als Eingangsspannung für die nächste Analogschalterkombination bzw. VT2 wirken kann, was besonders bei ST4 wichtig ist. U_{CC} kann – je nach Nennspannung für K – zwischen 5 V und 12 V liegen. Einen Leiterplattenvorschlag geben die Bilder 13.3 und 13.4 wieder. Zum Ausschalten des Relais ist S_n zu betätigen!

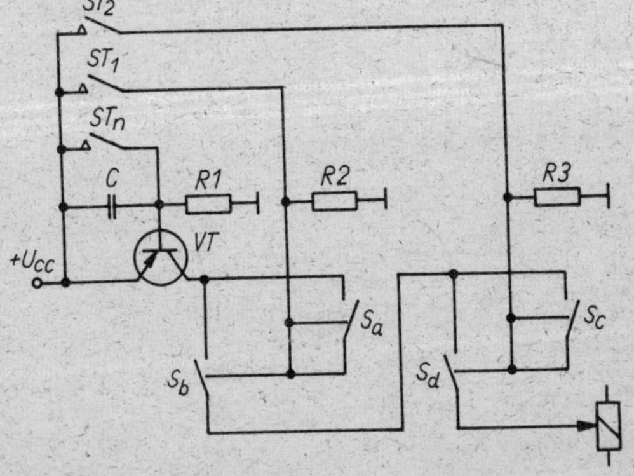

Bild 13.1
Grundsätzliche Arbeitsweise des Codeschlosses

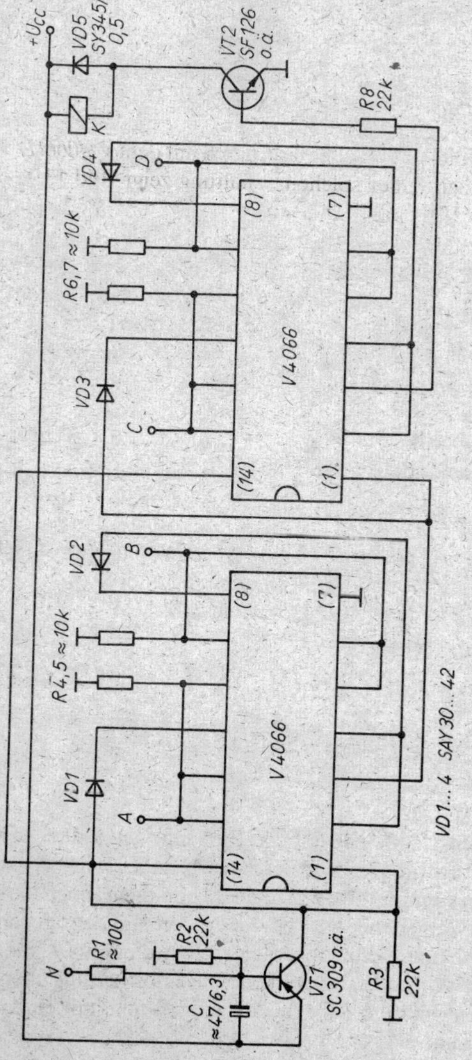

Bild 13.2 Schaltung des Codeschlosses mit 2 IS

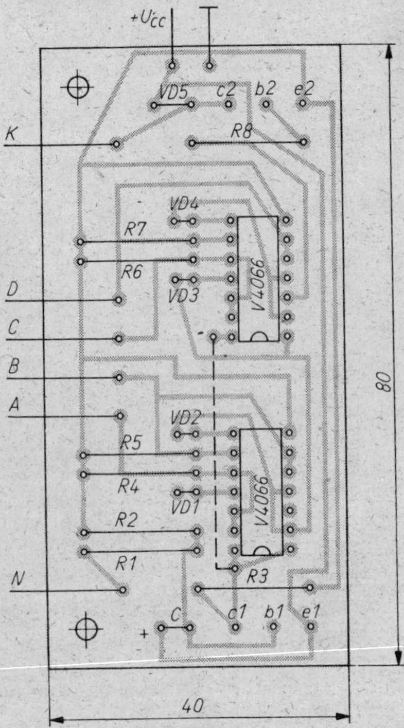

Bild 13.3 Leiterplattenvorschlag Codeschloß

Ein anderes Codeschloß, bei der die Zeit eine entscheidende Rolle spielt, ist in Bild 13.5 skizziert. Auch dabei sind wieder Taster in einer bestimmten Reihenfolge zu betätigen, doch darf nicht zuviel Zeit vergehen, sonst ist die an den Kondensatoren stehende Steuerspannung für die Analogschalter bereits wieder unter die Einschaltschwelle abgesunken. Die Selbsthaltung übernehmen in diesem Fall die *RC*-Glieder, so daß man mit einem *V 4066 D* auskommt.

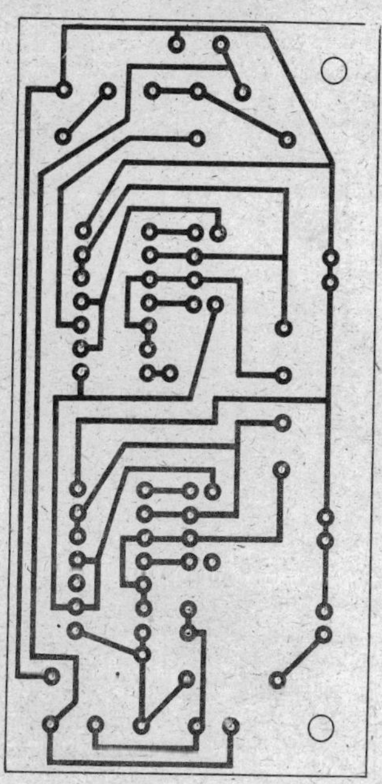

Bild 13.4 Leitungsführung zu Bild 13.3

Die Gesamtschaltung ist in Bild 13.6 dargestellt. Wird ST_n betätigt, ist das Einschalten für eine gewisse Zeit unmöglich, da über ST1 keine Steuerspannung zugeführt werden kann. Die *RC*-Glieder sind für ≈ 1 s bemessen; in dieser Zeit muß jeweils der nächste Taster gedrückt werden. Einen Leiterplattenvorschlag enthalten die Bilder 13.7 und 13.8. C_2 … C_5 werden dabei durch jeweils 2100-nF-Scheibenkondensatoren gebildet. Auch hier richtet sich $+U_{CC}$ nach dem zulässigen Spannungsbereich des verwendeten Relais.

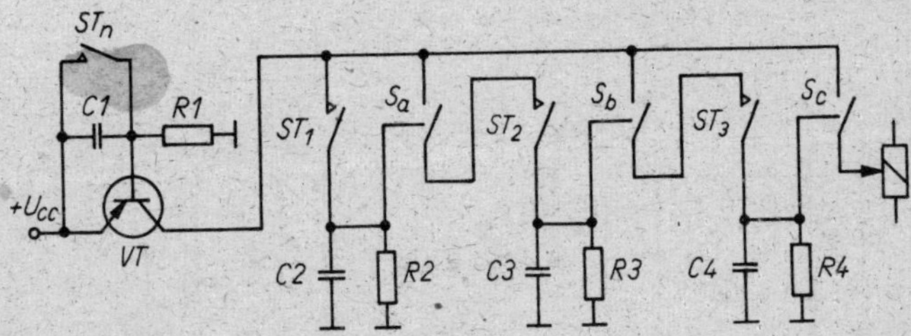

Bild 13.5 Ein anderes Arbeitsprinzip

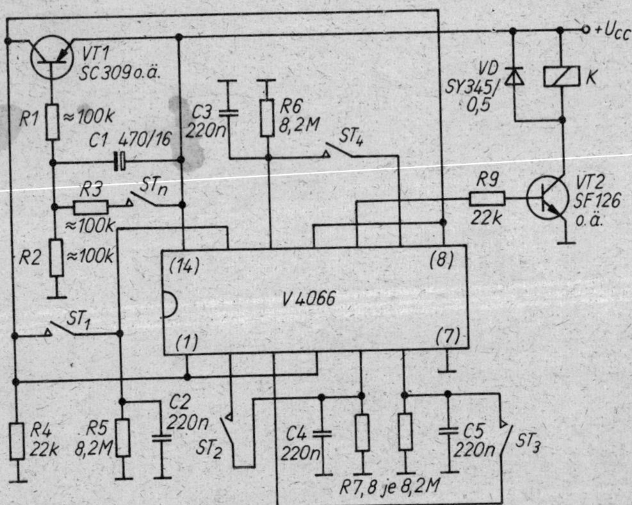

Bild 13.6 Das Prinzip nach Bild 13.5 erlaubt es, nur einen Schaltkreis einzusetzen

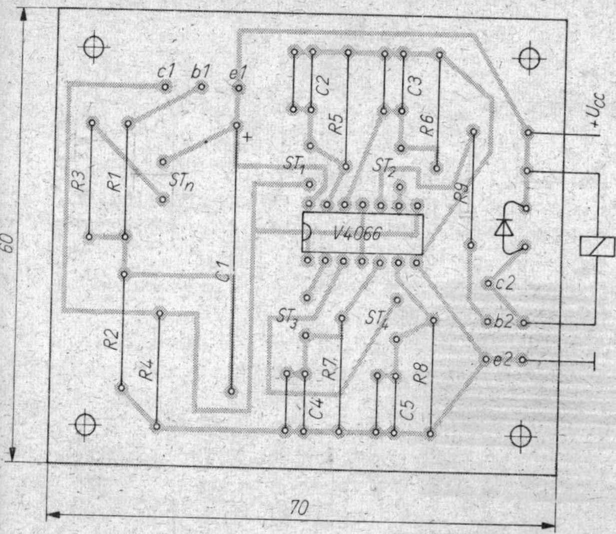

Bild 13.7 Leiterplattenvorschlag für das Codeschloß mit einem IS

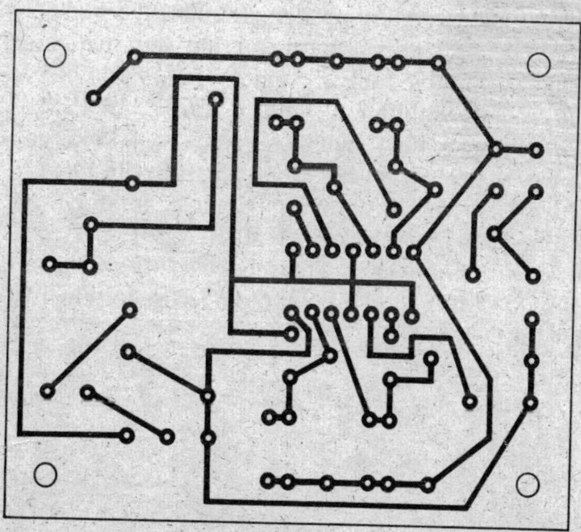

Bild 13.8 Leitungsführung zu Bild 13.7

Literaturverzeichnis

[1] *K. Schlenzig,* Einsatzbeispiele für CMOS-Zeitschaltkreise. Band 197 der Reihe «electronica», Berlin 1982.

[2] Autorenkollektiv, Mikroelektronik in der Amateurpraxis, 2. Ausgabe. Berlin 1986 (2. Auflage).

[3] *G. Muhr,* Linear-CMOS: Sparsam und dynamisch. In: Elektronikschau 10/1985, S. 56ff.

[4] *K. Benning/B. Bürger,* CMOS-Logikschaltkreise. Applikationsheft 12 des VEB Halbleiterwerk Frankfurt (Oder).

[5] *F. Sichla,* Schaltungsvarianten für einen CMOS-Logikprüfstift. In: Elektronisches Jahrbuch für den Funkamateur 1989, herausg. v. K.-H. Schubert.

[6] *U. Tietze/Ch. Schenk,* Halbleiter-Schaltungstechnik. Heidelberg 1980 (5. Auflage).

[7] *R. Köstner/A. Möschwitzer,* Elektronische Schaltungstechnik, Analogschaltkreise. Leipzig 1978.

[8] *F. Sichla,* Gleichspannungsvoltmeter mit automatischer Bereichumschaltung. In: Funkamateur 35 (1986) 1, S. 43.

[9] *F. Sichla,* Digitalmultimeter mit C 520 D. In: Schaltungssammlung für den Amateur, 4. Lieferung (Herausg. K. Schlenzig u. W. Stammler). Berlin 1986.

[10] *K. Schlenzig,* Ruhestromfreier Signalgenerator. In: radio fernsehen elektronik 29 (1980) 4, S. 261.

[11] *J. Knobloch/S. Günther,* Statischer 4-Kbit-Speicher U 224 D in CMOS-Technik. In: radio fernsehen elektronik 33 (1984) 8, S. 493.